U0380704

应知应会的 网络安全知识

刘为军 高见 主编

安全防范技术与风险评估
公安部重点实验室 组织编写

YINGZHI YINGHUI DE
WANGLUO ANQUAN
ZHISHI

人民出版社

前　言

　　当前，人类加速迈向智慧社会，人们可以依赖自动化决策进行风险监测、识别、预警和处置，国家强有力的社会管理也帮助普通公众避开了大量的人身、财产安全威胁。然而，决定安全问题的核心要素仍然是人，是身处网络社会工作生活各个节点的每一个人。曾有人指出，"人是安全的尺度"；也有人指出，安全需要一定的"冗余度"。的确如此。网络技术的发展使不掌握先进技能但占据社会多数的个体愈发脆弱。人们的安全不能只依赖国家的全面保护，了解常见场景下网络安全风险的缘由并掌握最基础的防御知识，仍是普通人保护自己的重要方式。

　　安全防范技术与风险评估公安部重点实验室依托中国人民公安大学信息网络安全学院建设，在致力于相关技术研发的同时，一直注重服务社会，尤其关注面向公众的科普工作，旨在提高人们的风险防范意识，避免或减少损失。在收到人民出版社编辑关于网络安全知识普及书籍的约稿后，实验室高度重视，指派长期关注网络安全立法政策发展的刘为军教授和一直致力于网络攻防技术研究的高见副教授共同牵头编写本书，以发挥"制度＋技术"在网络安全风

1

险防御中的优势。同时，为消除网络安全知识专业性强所带来的距离感，提高本书内容的可读性和趣味性，实验室特意组织本校一批品学兼优的年轻学子参与编写，包括中国人民公安大学侦查学院博士研究生安真仟，信息网络安全学院硕士研究生甄珍、黄昊天、冯帅、余伟良、王润田、冯嘉琦，信息网络安全学院本科生邓淑慧、钱艺轩、裴嘉睿、高仕腾、陈帅华、殷子祎，侦查学院本科生严祉安等。

CONTENTS

目 录

第 一 章
概　　述

在新一轮科技革命和产业变革加速演进的今天，网络已经与我们的日常生活密不可分，为我们的工作、学习和社交带来了极大的便利。与此同时，这种便捷性背后隐藏的安全威胁也在无声无息中增长，成为数字时代人们必须面对的重大挑战。大量针对普通公众的网络违法犯罪证明，"网络安全"早已跳出技术专家的专业领域，成为政府报告、学术著作乃至茶余饭后闲谈的高频用词，是人人都必须关注的切身利益所在。

本章，我们将回顾历史，探寻网络安全的起源和演变。通过了解它的发展历程，我们可以更深入地认识当前所面临的挑战，以及为何我们每个人都需要成为网络安全的守护者。

「第一节」
网络安全的发展历史

网络安全的历史可以追溯到计算机技术刚刚起步的 20 世纪 50

年代。计算机最初是独立运作的庞大机器，安全方面主要关注物理访问控制①。然而，随着网络技术的发展和计算机的联网，网络安全逐渐成为一个重要的议题。

20 世纪 70 年代初，鲍勃·托马斯（Bob Thomas）编写了名为 Creeper 的蠕虫程序，这是有编程记录以来第一个在网络中自我复制的恶意代码。尽管它的目的只是测试自我复制的应用程序，并没有造成实质性的破坏，但这一事件引起了人们对于网络安全问题的关注。1972 年，詹姆斯·P. 安德森（James P. Anderson）探讨了渗透测试②的有关内容，这不仅为负责网络安全和信息系统安全的研究团队和公司提供了检测和修补系统漏洞的框架，也为网络安全领域的发展奠定了基础。

20 世纪 80 年代，随着个人计算机的普及，恶意软件开始出现。1986 年，出现了第一个针对个人计算机的病毒——Brain。1987 年，4340 蠕虫几乎瘫痪了当时所有的阿帕网（ARPANET）节点。随后，1988 年的莫里斯蠕虫感染了数千台计算机，造成了上亿美元的损失。这是网络安全历史上的一个重大转折点，该蠕虫由康奈尔大学的研究生罗伯特·塔潘·莫里斯（Robert Tappan Morris）设计，初衷是测试互联网的规模。然而，由于程序错误，这款蠕虫在传播过程中失控，出现了意料之外的自我复制能力，不仅快速而且无节制地复制，严重消耗了网络资源，造成大量的网络拥塞和服

---

① 物理访问控制，限制对某个物理位置的访问，这是通过使用锁和钥匙这样的工具、密码保护门以及安全人员的巡查来完成的。

② 渗透测试，俗称道德黑客，是经过授权对计算机系统进行的模拟网络攻击，用于评估系统的安全性，为了证明网络防御按照预期计划正常运行而提供的一种机制。

务中断。这次事件不仅凸显了网络安全问题的紧迫，也促使社会各界，包括政府、学术界和工业界，更加重视网络安全的研究和投入。

1990 年，伯纳斯－李将 World Wide Web 浏览器和 Web 服务器的源代码免费发布到了互联网上，这一事件标志着万维网的诞生，开启了信息传播和社会互动的新纪元。越来越多的人开始在网上分享和发布个人信息，这不仅极大地丰富了网络内容，也使得网络成为有组织犯罪团伙眼中的"肥肉"。这些犯罪团伙看到了网络中潜在的经济利益，开始通过网络手段窃取个人和政府的数据，进行身份盗窃和金融诈骗等犯罪活动。因此，到了 20 世纪 90 年代中期，网络安全威胁开始呈现出爆发式增长，网络安全问题成为迫切需要解决的全球性问题。1988 年，一位美国国家航空航天局（NASA）的研究员创造了第一个防火墙程序。这个防火墙的设计理念是在网络中设置一道防线，以防止未经授权的访问和潜在的攻击。同一时期，加密技术成为保障数据传输安全性的重要手段，该技术通过使用密码算法将数据转化为密文，只有经授权的用户才能解密并访问数据，因此提供了数据机密性、数据完整性和身份验证等关键功能，其典型应用就是安全套接层（SSL）和传输层安全（TLS）。

进入 21 世纪，随着电子商务和在线金融交易的兴起，网络犯罪和黑客攻击激增，对网络安全的需求变得更加迫切。网络安全领域开始重点关注恶意软件、入侵检测系统（IDS）和入侵防御系统（IPS）等安全解决方案，帮助用户及时发现和应对恶意软件和入侵行为，减少数据泄露、系统瘫痪和财产损失。然而，随着黑客技术的不断发展和网络攻击的变种出现，网络安全领域也需要不断更新和改进这些安全解决方案，以应对不断演变的威胁。

网络威胁的演变既推动了技术层面上的革新，也反映了全球网络环境深刻变化的现实。近几年，随着移动设备和云计算的普及，大规模数据泄露和网络攻击事件频繁发生，网络安全面临的挑战也随之增加，成为政府、企业、组织乃至普通个人都必须关注的议题。同时，人工智能、区块链和物联网等技术的出现与发展改变了我们存储和处理数据的方式，从而改变了潜在的威胁模型。网络安全解决方案也必须进一步发展，以保护和防御这些新技术带来的新型安全挑战。

「第二节」
网络安全的重要性

网络就像一个由千千万万的点组成的大网，在这张错综复杂的网中，信息的流动如同一股无形的力量，贯穿着每个人的生活、社会的运转，甚至影响着国家的命运。然而，这个强大的网络也带来了无处不在的威胁。网络攻击如同一只隐形的猛兽，时刻潜伏在这张大网的角落，伺机而动。因此，网络安全的重要性不可低估，它涉及保护个人隐私、保障社会安全、维护国家安全等多个方面。

一、保护个人隐私和财产安全

当你坐在电脑前，突然收到一封看似真实的银行或其他机构发来的电子邮件，要求你立即点击链接（或附件）以避免账户被冻结等问题。紧张和焦虑顿时涌上心头，于是你点击了邮件中的链接（或附件），希望能解决所谓的问题。然而，这个举动引发了一连串的麻烦。不久之后，你发现电脑遭到了黑客的入侵，他们窃取了你的个人信息、用户名、密码等敏感数据，用于进行身份盗窃或其他恶意行为。随着时间的推移，你开始注意到种种异常现象：账户出现未经授权的交易或其他可疑活动；电脑运行变得异常缓慢或频繁崩溃；文件可能突然消失或被加密，你无法再访问它们。这时，你才恍然大悟，意识到电脑已完全被黑客控制。

在现实生活中，许多人在网络安全方面都遇到过类似的问题。黑客们利用人们的好奇心和对个人账户安全的关注，伪装成可信的机构，诱使人们点击链接或下载附件。这种"钓鱼攻击"是一种常见的网络犯罪手段，会使许多个人信息和金融安全遭到威胁。正是因为这种钓鱼攻击的普遍存在，我们才必须时刻保持警惕，并学会识别和应对这些威胁，加强对网络安全的了解，从而更好地保护自己的个人隐私和财产安全。

二、构筑安全的数字社会

网络攻击的威胁是多方面的，其影响深远且广泛，不仅仅局限于个人用户，更对整个社会的稳定运行构成了潜在的危害。

2017 年 5 月，不法分子利用永恒之蓝（Eternal Blue）制作的名为"Wanna Cry"的勒索软件攻击席卷全球，攻击者通过发送恶意邮件附件、利用网络漏洞或通过传播蠕虫程序等方式，将 Wanna Cry 恶意软件传播到受害者的计算机系统中。一旦攻击成功，Wanna Cry 便会对受害者的计算机进行加密，并要求支付赎金以解密文件。此次攻击中，数十万台电脑被感染，其中包括医院、教育、能源、通信、制造业以及政府等多个领域的计算机终端设备，造成了 80 亿美元的损失，给众多行业带来了严重的危机管理问题。

2021 年 4 月，有黑客在国外论坛里发文曝出了 5.33 亿个脸书（Facebook）[①] 用户资料，这些资料包括用户的手机号码、姓名、地区、电邮地址和个人档案资料等。而后脸书声明黑客曝出的是 2019 年的数据。这一事件加剧了人们对社交媒体平台数据保护措施的担忧，更可能会引发用户对平台和监管的信任危机。

2023 年 11 月，中国某公司在美全资子公司遭勒索软件 Lockbit 攻击，导致部分系统中断。不仅如此，此次攻击事件更使整个美国国债市场一度出现混乱，一些交易无法清算，交易员被要求改变交易路线，美债市场的流动性也受到波及。

从勒索软件爆发、用户资料泄露到金融市场的混乱，这些事件都体现了网络安全对社会稳定的重要性。保护网络安全不仅是个人的责任，更是整个社会须共同应对的挑战。只有通过加强网络安全防护、完善危机管理措施和推动国际合作，我们才能更好地应对网络安全隐患，确保社会稳定运行。

三、护航国家安全

在当今百年未有之大变局下，世界安全形势更加严峻复杂，国

---

① 脸书（Facebook），于 2021 年 10 月更名为 Meta。

家之间的战争形式也早已从传统的"海陆空"三线向"海陆空天网"转变，其中的"网"指的便是网络。网络战场并没有国界、海洋的保护，代码将以光速在互联网世界传播，网络战的参与者可以来自不同国家，网络病毒或网络骚乱也可以扩散波及任何国家。

2022年，乌克兰危机爆发，作为数字时代的首次大规模战争，其网络战的激烈程度前所未有。自开战以来，俄乌双方的关键基础设施如电力、能源等不断遭受攻击和破坏，给两国的国家安全和人民的生命财产安全带来了严重威胁。这不仅加剧了战争本身的不确定性和复杂性，也对全球范围内的网络安全敲响了警钟。

2020年，黑客通过篡改美国知名 IT 公司 SolarWinds 的软件更新渠道，成功在 Orion 软件的更新中植入了恶意代码，然后通过被感染的软件更新分发给 Orion 的用户，该软件是一种广泛应用于企业和政府机构的网络管理软件。这也意味着数千家 SolarWinds 的客户机构在不知情的情况下，使用了被植入恶意代码的软件。这次供应链攻击导致大量机构和企业的计算机系统受到了入侵和操控。攻击者可以远程控制被感染的系统，并获取机密信息、窃取凭证、篡改数据等。据报道，遭受影响的机构包括五角大楼、美国国家航空航天局和美国国务院等。因此，这次攻击引发了关于美国国家安全和网络安全的重大担忧，并对国际关系产生了影响。

2010年，美国和以色列联合发动了一起"震网"（Stuxnet）病毒攻击事件，目的是破坏伊朗的核设施。"震网"病毒是一种高级的恶意软件，它利用多个安全漏洞，通过移动存储设备和局域网传播，并专门针对伊朗的离心机和控制系统。这种病毒能够修改离心机的运行参数，导致设备故障，从而延缓伊朗的核计划。"震网"病毒的行动引发了对网络战争和国际规范的全球关注，同时也引起了对网络武器和国家间网络冲突的担忧。此次事件展示了网络攻击对关键基础设施的破坏潜力，促使各国加强网络安全防御，并提高了国际社会对网络安全合作和规范的重视。

这些事件警示着我们，网络安全对国家至关重要。保护国家的信息系统、数据和网络基础设施，就是保护国家的核心利益和安全。然而维护网络安全不仅仅是国家的责任，也需要每个人共同参与。作为个体，在这个庞大的网络中，我们应该增强网络安全意识，加强对个人信息的保护，使用安全的密码，谨防网络诈骗和钓鱼攻击。只有网络上的每一个点都保持安全，整张网络才能更加稳固，个人、社会和国家的安全与稳定才能得到保障。

网络安全作为当今时代的重要课题，它不仅关乎个人隐私和财产安全，也关乎社会的稳定和国家的安全。让我们齐心协力，共同维护网络安全，让其成为连接社会、推动发展的关键力量。

第 二 章
密码学与身份验证

　　小明是一个热衷于网络游戏的大学生，对互联网充满了好奇和热爱。一个安静的晚上，他坐在自己的电脑前，享受着他的独处时光——玩他最喜欢的网络游戏。突然，他的游戏账号无法登录了。他试图多次输入密码，但是都被告知密码错误。他开始感到焦虑，因为这个游戏账号里有他花费大量时间和金钱获得的珍贵道具。小明开始尝试找回密码，但是却发现他的注册邮箱也无法登录。他意识到，自己可能已经成为网络攻击的受害者——账号已经被黑客攻击，密码也已经被破解。

　　伴随着互联网的发展，计算机网络在即时通信、商业沟通等领域得以广泛应用，尤其在 2010 年以后，借着智能手机快速发展的东风，各种网络应用系统开始进入人们的日常生活当中。我们支付时会使用微信、支付宝，购物时会上京东、淘宝、拼多多，出行时会选择各种不同的地图导航软件，娱乐时又有各种视频软件、音乐软件以及各式各样的游戏。通常，我们每使用一种软件就会注册一个账号，这让我们的生活获得了极大便利，但同时也使我们面临着个人信息泄露的风险。

如今，我们登录每一个应用账户所使用的凭证，即为密码。我们生活当中所常用的密码，英文名为"password"，直译为"口令"，顾名思义就是允许我们登录账户、允许"通行"的一个口令。但严格来说这并不是学术上密码学所研究的密码，密码学当中的密码是用来加密数据的，而我们生活中所使用的密码准确地说应该叫口令，只是开始的时候有人将"password"译为"密码"，后来大家逐渐习惯了这种叫法，就不再改变了，这是一个有趣的乌龙事件。本章，我们给大家介绍的"密码"就是生活中我们用来登录账户的"密码"。

「 第一节 」
密码保护的重要性

如今的操作系统和常用软件都不同程度地采用了加密技术，密码的出现在一定程度上解决了信息的安全性问题，与此同时，随着中央处理器（CPU）运算速度与网络传输速率的不断加快，对密码强度和加密方法的要求也逐渐提高。有矛就有盾，有人破解，就会有人防范。对于用户而言，最为有效的防范措施就是提高口令强度，即通过增加口令长度、采用非常规字符等方式实现口令的相对安全；对于系统而言，保证安全性就要安装和管理补丁，正确配置系统参数，及时升级更新系统，防止因系统漏洞造成的口令泄露、删除或修改。

设置一个安全的密码对于保护个人和机构的敏感信息和账户安全至关重要。想象一下你家的门锁是密码锁，而密码就是你自己设置的一串数字。如果这个密码太简单，比如只是1234或者你的生日，那么别人很容易猜到你的密码，并且可以轻松进入你的家。这会让你的家庭成员和财产面临潜在的风险。

同样的道理也适用于网络世界。当你在互联网上使用各种账户，比如电子邮件、社交媒体、银行账户等，就需要设置强密码来保护这些账户。强密码由多种字符组成（包括字母、数字和特殊字符），长度较长并且没有明显的模式。这样的密码更难被猜测到或破解。

密码防护的重要性在于防止未经授权的人访问你的个人信息、私人通信和财务信息。如果你的密码容易被破解或被他人知晓，黑客或不法分子就可能会入侵你的账户，并进行各种不法活动，比如盗取你的身份、窃取你的财产或传播恶意软件。

此外，密码防护还有助于保护你在互联网上的声誉和隐私。如果你的账户被入侵，黑客就可以冒充你的身份，发布虚假信息，损害你的信誉和信任度。

因此，为了保护个人和机构的安全，密码防护至关重要。请确保设置强密码，并定期更换密码，不要在多个账户之间共享相同的密码，同时可以考虑使用密码管理软件（工具）来帮助生成和管理复杂的密码。这些措施能够有效增加账户的安全性，减少被黑客攻击的风险，并保护自己的隐私和财产不受损害。

「第二节」
常见的密码安全风险与威胁

一、你是不是也经常设置这样的密码

"123456""姓名拼音＋生日""生日年份＋月份＋日期"，这

些密码相信绝大多数人都使用过，其中使用生日的 6 位数密码至少能打开一半以上人的手机锁屏。当然，使用一个尽可能复杂的字符串作为密码较难被他人破解，但这种密码往往很难被记住。所以人们更倾向于将密码设置为一个与自己相关的字母或数字的组合，以方便记忆，但如此设置的密码更容易被破解。这种类型的密码被统称为弱口令密码（Weak Password）。

若网站管理、运营人员由于安全意识不足，又担心忘记密码或希望输入方便等，使用了非常容易记住的密码，或者是直接采用了系统的默认密码等。攻击者就可以利用此漏洞直接进入应用系统或者管理系统，从而进行系统、网页、数据的篡改与删除，非法获取系统、用户的数据，甚至可能导致服务器沦陷。弱口令没有严格和准确的定义，通常是仅包含简单数字和字母的口令，例如"123456""abc"等，这样的口令很容易被别人破解，从而使用户的计算机面临风险，因此不推荐用户使用。

在网络上有很多弱口令字典生成器，上图展示的就是一个在线的公开工具，输入目标的姓名、手机号、QQ 号、生日、特殊数字、邮箱前缀、历史密码、伴侣信息等信息后，就能生成定制的弱口令字典。如果目标刚好使用了这些信息来构造密码的话，就能对正确密码进行精准覆盖。

二、无视风险，继续安装

不知道大家有没有这种经历，在手机上安装一些奇妙的小软件时，系统会提醒你"软件有风险，请谨慎安装"。如果你选择了"无视风险，继续安装"，就要小心了。事实上，不只是手机上的奇妙小软件，很多时候在生活中、工作中我们会使用一些商业软件，但这些商业软件通常需要付费且价格不菲，精打细算的我们就会充分发挥搜索引擎的功能去寻找破解版。请注意！这些破解版软件、这些奇妙小软件很有可能被不怀好意的人植入了木马。

通过木马，攻击者会记录你的击键，也就是你所有的键盘输入都会被攻击者掌握，如果你在这个过程中恰巧输入过密码，那么你的密码就已经泄露了。此外，有的人可能因为工作需要会登录许多不同的业务系统，并习惯于将这些业务系统的密码存放在桌面的某个文本文件中，这时黑客就会通过木马读取这些密码文件。

在 2023 年某次网络安全攻防演练中，攻击队人员将木马程序起名为"财务报表.docx.exe"，并将该可执行文件的图标更换为 Word 文档的图标，诱导对方财务人员点击，成功控制了对方的电脑。

三、当心网络钓鱼

有一天，小明收到了这样一条短信"我是秦始皇，我现在复活了，我需要一万元的启动资金来复活我的军队，等我有朝一日一

统天下，封你做大将军，并赠与万两黄金，封地千亩。现在请你登录ＸＸ银行的官网 http://ＸＸＸ.ＸＸＸＸＸ，给我转账，事成之后必定重谢！"

当然，现在这种拙劣的骗术基本不会有人上当，但是骗子往往会编造出更加真实的理由让你点击链接进行转账。上当后的小明第一反应是"我被骗了一万块钱"，但当小明打开自己的银行账户时却发现——账户里怎么一分钱都没有了？这个链接就是一个钓鱼网站！

在电信诈骗横行之前，互联网上最常见的骗术就是利用钓鱼网站骗取他人的账户密码，包括银行账户、应用账户、游戏账户，不法分子通过将骗来的银行账户金额转出、游戏账户装备卖出、游戏账户倒卖等方式赢利。所谓钓鱼网站，就是将官方网站的样式复制一份，让你觉得自己是在官方网站上输入信息，实际上这些信息都被发送到了黑客的手里，你的账户就此失窃。

而预防这种攻击的方法也不难，最重要的就是不要相信"天上掉馅饼"，莫名其妙的链接不要点击。仔细看看域名，骗子很喜欢在域名上动手脚，比如将"lanlian.com"中的"l"换为"1"，变成"1an1ian.com"；或通过注册不同的根域名来伪装成官方网站，如"Taobao.com"是淘宝官网，而"Taobao.net"就不是了；抑或使用压缩技术，将统一资源定位系统（URL）[①] 压缩为形如 http://

[①] 统一资源定位系统（Uniform Resource Locator，URL），是互联网上用于标识和定位资源的地址。

eftz3tr.top 的形式，点击链接后会变成真实域名。总之，我们在遇到陌生链接时不要随意点击，访问网站时尽量直接输入正确域名，或者通过权威的搜索引擎来搜索。

四、你也喜欢在不同的网站上设置同样的密码吗

很多人为了方便记忆，会选择在不同的网站上设置同样的密码，但这是存在风险的，一旦其中一个网站的数据库被攻击导致信息泄露，黑客就会通过撞库的方式登录用户在其他网站上的账户。所谓"撞库"，简单讲就是用你在 A 网站上的账户密码尝试登录 B 网站。近年来，许多公司被曝出数据库泄露，其中也不乏知名的大公司，泄露的信息被有偿出售给他人。在网络黑产中存在"社工库"这一项黑产，全名叫"社交工程学信息库"，只要输入一个人的名字或手机号，就能查询到包括身份证号、住址、QQ 号、曾用密码等在内的若干信息。这种攻击方式被称为"撞库攻击"。

2021 年，某地警方曾成功破获了一起侵犯公民个人信息案。犯罪团伙非法获取医疗、出行、快递等公民信息，数据累计高达54 亿多条，并通过"暗网"平台提供查询、出售服务。

事情是这样的，2021 年 3 月，某地公安机关网安大队在网上巡查时，发现一名卖家在暗网平台上为他人查询某大型社交网络平台账号关联的手机号码、个人信息等数据，并将查询的信息以每条1000 美元的价格出售。办案民警对这条线索进行了追踪，发现一家网络公司可能与此案有关。深入侦查后发现，该网络公司的法人何某，具有一定的黑客技术，其组建了一个社工库。

所谓"社工库"，就是黑客将泄露的用户数据整合分析，然后

集中归档的一个地方。该案件中，何某本身对网络技术比较精通，他通过搭建具备查询功能的数据库，将数据库接口接入其公司开发的自用软件系统内，从而在暗网平台上为他人提供非法查询公民个人信息服务并以此获利。

「 第三节 」
密码安全防护措施

一、最常用的密码防护措施

（一）针对社工攻击的防御

目前最常见的密码破解方式就是通过社工攻击去收集目标的信息，找到这个人的生日、手机号、姓名、喜爱的东西等各种信息，然后再对它们进行排列组合，生成一个"字典"。这个字典里可能只有几百个甚至几十个密码，但却足以精准地覆盖用户所设置的密码。当然我们也不需要太过担心这种情况，因为现在绝大多数应用系统都有多次输错密码锁定账户的类似功能，我们通常只需要将密码设置得略微复杂一些就能较好地防范这种攻击。但是如果目标网站发生过信息泄露事件，密码哈希值（Hash Value）[①] 被泄露出去了，攻击者使用社工字典对密码哈希值进行本地爆破就没有了多次

---

① 哈希值，通过哈希函数（Hash Function）对数据进行处理后生成的固定长度的字符串。这种字符串是数据的唯一表示，可以用来快速查找数据或验证数据的完整性。

错误锁定的防范，就很容易将真实的密码破解出来，对这种情形的防范将在下文中针对撞库攻击的防御做讲解。

（二）警惕不明来源的可执行文件

为了防范木马攻击，首先我们要谨慎安装来源不明的软件，谨慎点击来源不明的文件，哪怕乍一看不是 exe 可执行文件，我们也要仔细观察，因为这个文件有可能被人伪装过。

说到这里不得不提一下，Windows Office 软件曾经不止一次曝出命令执行漏洞，也就是说哪怕是真的 Word 文档、Excel 表格，也有可能执行恶意代码，这就要求我们及时更新软件版本、系统版本，并通过修补漏洞来预防攻击。

（三）针对撞库攻击的防御

防范撞库攻击最有效的方式就是经常关注大型数据泄露事件，并根据泄露数据的企业和应用对相关账户进行修改。但是对于大多数非安全行业从业者来说，大家基本不会及时了解最近发生的数据泄露事件。当然，我们还可以通过以下两种方式防范撞库攻击：

1. 经常更新密码。

2. 在不同的网站上设置不同的密码。

以上两种方式虽然能有效防范撞库攻击，但存在一个显著的问题——过多的密码增加了我们的记忆成本。对于这一问题，我们可以通过使用前文提到的密码管理软件来解决。密码管理软件简单来说就是一个加密的密码记录本，用户可以将不同网站上的不同账户密码分类存储在其中，整体上通过设置一个密码管理软件的密码来对这一系列密码进行存储和防护。这降低了记忆成本，同时因为其本身也是加密的，也提高了破解的技术门槛，可以实现密码复杂性与方便管理性的有效平衡。

二、多重身份验证

事实上对于密码安全性的保护，归根结底是对账户安全性的保护，而对于账户安全性的保护，不止提升密码复杂性这一种方法，多重身份验证就是对账户安全保护的另一种思路，目前被广泛运用在各种互联网应用系统中。多重身份验证是一种安全措施，用于确保用户身份和账户的安全性。通俗地说，它是一个多层次的安全系统，为用户的账户设置多层安全锁，它要求用户提供不止一种验证方式来证明自己是真正的账户所有者。现在，大多数企业所提供的服务都普遍使用这种方法来保护用户的账户安全。例如，腾讯公司的 QQ 和微信两款软件，当用户在陌生的设备上登录账户时，必须要使用手机验证等方式进行二次验证；银行软件在进行大额转账时，需要使用 U 盾或刷脸验证进行二次验证；Steam 游戏软件在登录时，需要使用邮箱验证码来进行二次验证。

想象一下，你正在使用一个网站或应用程序，输入用户名和密码后，系统还要求你提供其他信息或执行其他操作来验证你的身份。这些额外的验证方式可以是以下之一或多个组合：

1. 手机验证码。通过输入短信或应用程序生成的动态验证码来证明你拥有与账户关联的手机。

2. 指纹识别 / 面部识别。使用指纹或面部识别技术来验证你的生物特征，以确保只有自己能够访问账户。

3. 安全问题。如你的出生地或你最喜欢的宠物的名字。

4.可信验证设备的二次确认。如通过手机应用程序批准登录请求，或通过电子邮件确认登录。

这些不同的验证方式结合起来，提供了更高的安全级别。即使有人知道你的密码，他们仍然需要通过其他验证步骤才能成功登录你的账户。多因素身份验证使得黑客更难以入侵你的账户，保护你的个人信息和数据免受未经授权的访问。

现如今，我们使用着各种各样的互联网服务，注册了很多不同的账户，账户多了就难免会忘记密码。我们可以对密码进行找回，但这个"找回"通常并不是找到过去使用过的密码，而是设置一个新的密码。找回密码的方式有很多，它的本质是网站服务提供者要确认你的身份，所以这个方式就与多重身份验证的方式基本相同。

三、多重身份验证的安全性

我们要注意，多重身份验证也不是绝对安全的，不同的验证方式可能存在不同的潜在风险。

（一）手机验证码可能存在的安全风险

我们进行二次身份确认，最常用的方式就是手机验证码；但是存在以下几种情况，会让手机验证码不再安全。

如果手机丢失被他人解锁或者手机卡丢失，别有用心的人可能会去检索与该手机绑定的各种账户，之后再通过手机验证码的方式进行密码重置、转账等操作，从而造成财产损失、名誉损失等问题。尤其是身处手机在生活中起着至关重要作用的时代，如果我们的手机丢失了，一定要及时对手机号进行挂失，并对与之绑定的相关账户进行冻结或解绑。

即使手机不丢失，不怀好意的人也可能通过安装木马程序窃取短信或者拨打诈骗电话等方式获取验证码。面对这种情况，我们需要做到尽量不安装来源不明的软件，不对任何不明身份的人透露自己的手机验证码。

（二）密保问题可能存在的安全风险

除手机验证码外，二次身份验证常用到的方法还有密保问题（Security Question）。密保问题也被称为安全问题或个人问题，是在账户注册或密码重置过程中使用的一种验证机制。它是为了增加账户安全性而设置的一道额外的身份验证层。

当你创建一个账户或者尝试重置密码时，系统会要求你设置一个或多个个人问题。这些问题通常是与生活、经历或偏好相关的问题，例如出生地、最喜欢的电影、养的第一只宠物的名字等。你需要在设置问题的同时提供相应的答案。

当需要恢复账户访问或重置密码时，系统会要求回答事先设置的密保问题。如果能正确回答问题，系统就会认为你是合法的账户所有者，从而允许你进行下一步的操作。

密保问题的目的是增加账户的安全性，因为只有你自己才应该知道问题的答案。这样即使其他人知道了你的用户名和密码，他们仍然需要正确回答密保问题才能访问或重置你的账户。要注意的是，密保问题应该避免使用容易被猜到或公开的信息，以确保更高的安全性。

以下列举密保问题容易被他人破解的两种情形：

1. 当密保问题设置过于简单时，就容易被黑客利用，从而重置你的账户密码。这里所说的"简单"，一种情形是所设置的问题过于简单，很多人都知道或者很容易被猜到；另一种情形是为了方便记忆，答案直接输入"111"这种简单字符串。

2. 当有人跟你套近乎打听你的隐私问题时，要注意他有可能是在套你的密保问题。

在电影《惊天魔盗团》中，有这样一个故事。亚瑟·特瑞斯勒，一个无良的保险商人，时常通过狡猾的手段敛财。四位魔术师丹尼尔、梅里特、杰克和亨利决定给他一点教训。在一次搭乘飞机的旅途中，丹尼尔向亚瑟提议来一场猜心思的比赛。丹尼尔首先猜亚瑟小时候养了一只强壮的狗，实则亚瑟小时候只养过一只懦弱的猫，名字叫谢菲尔。接着，丹尼尔又大胆猜测亚瑟有一个舅舅叫保罗，结果亚瑟哈哈大笑，他并没有舅舅，但是有一个叫库斯门的叔叔。这其实并不是什么心灵魔术，而是一项计谋。原来，四位魔术师早已摸清了亚瑟的底细，这些问题正是他的银行账户密保问题。在亚瑟认为自己被读心的同时，四位魔术师巧妙地获取了他的账户信息，成功劫富济贫，将账户里的钱全部还给了被亚瑟害惨的人们。

这个故事告诫我们，在不经意间泄露自己的信息，可能会导致密保问题被人攻破。

「第四节」
密码攻击成本

虽然说密码破解的方式有很多，但我们也不必过度担心，一个略微复杂的密码，其破解难度就相当高了。以银行的六位密码为例，六位密码总共有一百万种可能，假设在银行的 ATM 机上每秒能输入一个密码，那就需要约 278 个小时才能尝试完所有可能，更不用说银行账户在输错几次密码后就会冻结账户，想通过暴力尝试的方法破解银行密码基本不可行。

通过社工方法收集特定目标的各种信息组成字典去对密码进行破解的成功可能性也不会太高。因为攻击者通常无法确定准确的信息范围，需要广泛地去收集诸如手机号、生日、爱好、证件号等各种信息，然后再进行排列组合、大小写组合，所生成的字典动辄会有几万条数据。因为有各种防范措施存在，在线破解显得并不现实，哪怕是仅有几十条数据也有些困难。

但是也存在某些针对性极强的攻击情形。例如你是某个单位的关键人员，敌对单位想要针对你的账号进行攻击，他们可能会从已泄露的数据中针对性地寻找你的信息，找到你经常使用的密码哈希值，再针对你收集各种社工信息，根据这些信息生成字典，可能几个小时就能破解你的密码。在通常情况下，没有密码哈希值泄露和针对性的社工信息收集这两个前提条件同时存在，完全进行暴力破解的话，你的密码还是相对安全的，具体原因我们会在下文做解释。

上图为知名渗透测试平台 kali 中的弱口令字典，足足有 1400 万条记录。如果使用该字典在线破解密码，一个超文本传输协议（HTTP）流量包大小约为 3KB，假设目标网站最大带宽为 1000MB，在极端情况下采取分布式破解占满所有上行带宽，每秒约能接受 4 万个请求，将该字典的密码全部尝试一遍需要约 6 分钟。实际上由于上行信道通常远小于下行信道，再加上分布式破解也很难占满全部带宽，实际破解时通常最多能达到的请求数量为每秒 1000 个左右，那么尝试完这整个字典则需要约 4 个小时。最后再考虑到通常网站登录都会设置错误次数，一旦达到试错上限就会暂时锁定账户，这会让在线密码爆破变得更加难以实现。更何况，这个字典还只是一个弱口令字典。

再举一个例子：假设我们拿到了一个密码的哈希值（这是一个对密码的单向加密后的字符串，无法反向还原，只能靠猜解破解），这是一个简单的 8 位密码，必须包含大小写字母、数字和特殊符号，那么就有大概 92 的 8 次方种可能，也就是约 5×10^{15} 种可能，以家用计算机的算力，每秒大概能进行 200 万次 MD5 值计算，算完这所有的可能需要约 2.5×10^{9} 秒，约 80 年。由此可见，在现有算力条件下，哪怕是一个 8 位的短密码，直接对密码进行暴力破解也并不现实。

小 结

在本章中，我们深入研究了密码安全的重要方面。首先，以手机软件安装和网络钓鱼为例，强调了无视风险和随意下载软件可能导致木马植入，危及个人信息安全。同时，指出了在不同网站上使用相同密码可能遭受撞库攻击的风险，提倡多重身份验证和定期更新密码的重要性。其次，详细介绍了社工攻击的威胁，强调攻击者通过信息搜集生成字典进行密码破解的概念。对密码的防护，提出了采取常见方法的建议，如提高密码复杂性、警惕不明文件、关注数据泄露，并深入讲解了密码管理软件的有效性。进一步强调多重身份验证作为保护账户的关键手段，包括手机验证码、生物特征识别和密保问题。然而，笔者也指出多重身份验证并非绝对安全，例如手机验证码可能被盗用。最后，通过介绍密码攻击的成本，从暴力破解和字典攻击的角度解释了密码的相对安全性。本章旨在为读者提供密码安全及网络攻击的全景认识，并为加强个人信息安全提供实用建议。

第 三 章
社 交 工 程

　　小王，一位年轻的金融专家，因聪明绝顶和对金融领域的热情而备受瞩目。他在社交媒体上分享的专业见解引来了一位陌生"同行"的注意。对方似乎对小王的专业领域了如指掌，双方通过精准的专业交流逐渐建立了信任。然而，这段虚拟的同行关系隐藏着一场阴谋。一次，对方分享的链接携带恶意木马，悄悄侵入小王的手机，盗取公司核心项目的关键信息，致使小王负责的公司核心项目在最关键的时刻功亏一篑。

　　这个故事是不是让你的脊背发凉？社交工程，不仅仅是一场数字挑战，更是一场精心策划的骗局。小王在受骗后，决心要好好学习相关知识，并将所学传播出去，以帮助更多的人避免受到社交工程的欺骗。

　　在本章中我们将跟随小王的步伐，通过一系列引人深思的案例和生动的故事，探究社交工程的本质，揭秘网络世界中那些巧妙构筑的陷阱，为自己穿上网络时代的防御铠甲。

「第一节」
社交工程的概念与影响

一、什么是社交工程

在开始对社交工程的概念进行了解时，小王发现了一个与"社交工程学"关联紧密的人物，即"世界头号黑客"凯文·米特尼克。米特尼克被控多项计算机和电信欺诈罪，包括入侵多家公司的计算机系统、窃取软件和数据等，两次被逮捕，于 2000 年获释。出狱后，米特尼克致力于宣传社交工程的风险和防护措施。他的著作《欺骗艺术》（*The Art of Deception*）和《入侵艺术》（*The Art of Intrusion*）深入探讨了社交工程的原理和案例。

随着更加深入地学习，小王发现社交工程学早在 20 世纪 60 年代左右就作为正式的学科出现，广义社交工程学的定义是：建立理论并利用自然的、社会的和制度上的途径来逐步地解决各种复杂的社会问题。经过多年的应用发展，社交工程学逐渐产生了分支学科，如公安社交工程学和网络社交工程学。维基百科的定义则更符合我们对于社交工程的直觉，即"操纵他人采取特定行动或者泄露机密信息的行为。它与骗局或欺骗类似，故该词常用于指代欺诈或诈骗，以达到收集信息、欺诈和访问计算机系统的目的，大部分情况下攻击者与受害者不会有面对面的接触"。

社交工程实际上是一种利用各种手段和信息来操纵人心，以达到攻击者目的的狡猾手段。这种手法并非仅限于技术层面，更深入

地牵涉到对人的心理、社会结构以
及制度漏洞的深刻理解。小王惊讶
于社交工程作为一门学科已有 60 年
之久，他之前却因为对其了解甚少
而白白受骗。面对这一深奥而古老
的学科，小王坚定了好好学习相关
知识的决心。

二、社交工程的影响

小王反思到，自己之前并非对社交工程一无所知。他首先想到
的是现在流行的冒充上司或国家公务人员诈骗钱财的场景，平时对
这些电话短信也有所提防。但他万万没想到社交工程会发生在自己
这个"学霸"身上。小王调研了真实发生的社交工程案例，发现相
比之下自己的损失简直微不足道，他感到十分震撼，同时心中也宽
慰了许多。

（一）你要拒绝"尼日利亚王子"吗

所谓"尼日利亚王子"，是一种流行于国外的垃圾邮件诈骗形
式。信件的内容大体是：尼日利亚几位高官要把巨额资金以"国家
秘密"的形式转移到国外，需要使用你的名义和银行账户，转移成
功之后你将获得上千万美元中的 10% 作为酬劳。如果答应和这些
"高官"合作，过一段时间其就会以事情进展不顺利为由，让你先
垫付一点手续费和打点官员的小费，在付过几次钱之后，对方就会
不知所终。

如今，这种事情听起来略显幼稚可笑，但它也属于一种社交工程陷阱，专门吸引那些毫无警惕之心或易受金钱利诱的人。2007年，某国财政部长受到"尼日利亚王子"骗局影响，利用职务之便挪用了高达120万美元的公款。事后，他还欣喜地告诉朋友自己不久之后会退休，然后就可以飞往伦敦去领取那份他以为已经"赚到的钱"。结果，他不仅空手而归，还很快被逮捕，身陷囹圄。

（二）"黑客鼻祖"的高明手段

这里所说的"黑客鼻祖"就是上文提到的米特尼克，从某种意义上讲，他已经成为黑客的代名词，美国司法部曾经将米特尼克称为"美国历史上被通缉的头号计算机罪犯"。下面就来让我们领略一下世界一级大师的"高明手段"吧。

1979年，年仅16岁的米特尼克结交了一些黑客朋友，这群人成功找到了某公司用于OS开发的系统拨号调制解调器的编号，但是由于没有账户名和密码等信息，这些编号难以发挥作用。面对这个问题，米特尼克微微一笑，在调查了该公司相关人员信息后，便联系了该公司的系统经理，谎称自己是该公司的主要开发人员之一，现在无法登录该系统，于是他很快便获得了一个对该系统具有高级访问权限的登录凭证。利用该登录凭证，米特尼克非法侵入该公司的计算机网络，并窃取了该公司的专利软件。

在社交工程中，其实并不需要多么高超的计算机技术能力，其使用的是一种洞察人性的能力。

（三）公司的泄密者在哪里

某一大型计算机公司一直被内部纠纷所困扰，管理层坚信有董事会成员正在向媒体泄露其内幕消息。为此，董事长聘请了一家私人侦探公司追查泄密者。该私人侦探公司和米特尼克一样采取了打电话的方式，他们以冒名电话的方式从该公司的数位董事和率先报道过该公司新闻的 9 名记者口中套出了其社会保险号。然后，利用这些社会保险号向该国电报电话公司查询这些人的电话记录，找到了最终的泄密者。虽然泄密者找到了，但是该计算机公司已经涉嫌违反法律，即侵犯了部分董事及 9 名记者的隐私。

可以看出，除了骗取钱财外，社交工程还可能窃取专利，侵犯个人隐私，严重触碰法律的界限。社交工程的目的是多种多样的，如果被不法分子恶意利用，严重情况下甚至可能危害国家安全。

三、为什么会被社工

通过进一步学习，小王发现很多企业都在信息安全上投入了大量的资金，最终导致数据泄露的原因，却往往在于人本身。只需要一个用户名、一串数字、一串英文代码，黑客就可以通过社工攻击手段，加以筛选、整理，把你的个人情况、家庭状况、兴趣爱好、婚姻状况，以及在网上留下的一切痕迹等掌握得一清二楚。一种无须依托任何黑客软件，更注重研究人性弱点的黑客手法正在兴起。小王整理了下面几个现实中发生的例子，让我们一起来看看吧。

案例 3-1

近期，出现了一种以"网络领鸡蛋"为诱饵，专门针对老年群体的诈骗活动。诈骗分子通过线上、线下等多种渠道进行宣传，声称参与他们的网络活动就可以免

费领取鸡蛋。在这些宣传中，诈骗分子通常会使用醒目的标题和吸引人的图片，强调"免费领取""数量有限"等字眼，以此吸引老年人的注意。他们承诺，只要完成一些简单的任务，如填写个人信息、分享链接等，就能轻松获得鸡蛋。

然而，这种活动的背后却隐藏着巨大的网络安全风险。一旦老年人点击了这些广告，并按照要求填写了个人信息或分享了链接，他们的个人信息就可能被诈骗分子获取，被用于电话诈骗、网络钓鱼等。

案例 3-2

众筹平台近年发展迅速，网上捐款为有需要的个人或家庭带来了希望和慰藉。但这一慈善活动却被一群居心巨测的人利用，他们玩弄人们的信任，伪造联系，骗取慈善资金。

一位热心的网友在群聊中看到一则报道——一个孩子因家庭经济困难急需筹集医疗费用。该网友被报道中的描述所触动，给孩子捐了 3300 元。不久后，当他想查看该孩子的治疗进展时，之前的网址已经无法登录，甚至惊讶地发现当时的支付商户名称与筹款软件不一致，于是他报了警。警方接到报案后，开始对此事展开调查。经证实，某众筹平台上确实存在该孩子的筹款信息，但受害人捐款的链接却是经过伪造的虚假网站。

上面的两个案例就是电信网络诈骗，不过这也是社交工程，攻击者通过一步步地诱导、心理操纵实现了欺骗的目的。下面我们再来看一个关于信息窃取的案例。

案例 3-3

2017 年，一款测试左右脑的程序刷爆朋友圈。网友通过授权登录进入程序，然后做选择题，最终得出测试结果。细心的网友却发现，几次测试选择一样的答案，结果却不相同。警方发文称，这个小程序的测试结果是随机的，所谓的"测试"其实是用于窃取用户信息。警方解释称，在网友授权登录时，QQ号、手机号、姓名、生日等很多个人信息就会被程序后台获得。目前，该程序已经被停用。

小王不禁感慨：社交工程之所以防不胜防，根本在于其不仅利用了贪婪、攀比等人性中自私的一面，还利用了善良、同情等人性中无私的一面。

「第二节」
社交工程的步骤与常用方法

在对社交工程有了一定的认识后，小王进一步了解了社交工程的常见步骤，即攻击框架；接着，又深入研究了攻击者常用的社交工程手段，分别为伪装、网络钓鱼和诱饵。

一、社交工程的步骤

小王发现，社交工程可以总结为四个步骤，分别是信息收集、建立信任、获取漏洞和漏洞执行。以他自己的悲惨遭遇为例，黑客首先收集了与自己相关的信息，知道自己喜欢在社交媒体上分享专业知识；之后，以专业知识为切入点，通过长时间交

流与自己建立了信任；接着，在
发现自己对陌生链接毫无防备后，
向自己投放恶意链接，执行了漏
洞。为了使更多人了解社交工程
的步骤，接下来本书将对其进行
一一讲解。

（一）信息收集

这一步对于社交工程的成功至关重要。信息收集是社交工程攻
击的基石，攻击者通过多渠道收集目标信息，从而为后续步骤奠定
了基础。攻击者不仅关注公共信息来源，如新闻、求职网站和社交
媒体；还可能深入调查目标商业网站、员工社区，以及相关行业论
坛。通过对目标业务部门和个体的详细了解，攻击者能够精准锁定
漏洞和制订有效的欺骗计划。信息收集不仅包括静态的数据抓取，
还包括对目标的实时监控，以获取最新的信息和洞察，从而更好地
伪装身份和塑造虚构故事。

（二）建立信任

这一步是社交工程攻击的核心策略。攻击者需要以高度策略性
的方式联系目标用户，创造一种亲近和可信赖的关系。这可能涉及
多种形式的沟通，包括电子邮件、电话、社交媒体等。攻击者将运
用社交心理学原理，寻找与目标用户共鸣的话题，并逐渐深化对
话，以巧妙地获得目标的信任。这一过程可能需要耐心和持续的投
入，攻击者会逐渐揭示自己的信息，使目标感到更加舒适和放心，
从而为后续的攻击步骤打下基础。

（三）获取漏洞

这一步是社交工程攻击中的关键一环。一旦攻击者成功建立信任，他们将利用与目标用户的关系，寻找可以利用的漏洞。这不仅指技术漏洞，还可能是目标用户的个人弱点、工作流程中的薄弱环节，或是对社交工程攻击的易受攻击性。攻击者可能会通过虚构的场景或巧妙的提问方式，引导目标用户透露更多敏感信息。此外，攻击者还可能利用目标用户进一步拓展对系统、文件或商业机密的访问权限。

（四）漏洞执行

这一步是社交工程攻击的决定性阶段。攻击者利用获得的敏感信息，实现其最终目标，包括但不限于资金转移、系统入侵、文件窃取或商业机密获取。攻击者可能会巧妙地操纵目标用户，使其在没有察觉的情况下执行特定的操作。在成功攻击目标后，一些攻击者会精心布置退出计划来最小化被发现的风险，包括清除痕迹、混淆操作记录等。

二、社交工程的常用方法

在对社交工程的攻击步骤进行了介绍后，本书将进一步以案例的形式解释与分析常用的社交工程方法。

（一）伪装

伪装是社交工程攻击中一种重要且常见的手段，攻击者利用欺骗性手法，将自己伪装成具有信任关系或权威性的实体，以获取目标的关键信息。这一攻击形式旨在针对人类社会中的信任和互信机制，通过模仿可信赖的身份，获取对方的信任，从而更轻松地达到其目的。

攻击者在伪装过程中可能采取多种手段，其中之一是冒充熟悉的个人或组织。包括伪装成同事、朋友、家庭成员，或者更具威胁性的身份，如银行工作人员、IT 支持人员等。攻击者会深入研究目标的社交网络和公开信息，以确保伪装的身份足够真实可信。

案例 3-4

2013—2015 年，两家大型互联网公司成为虚假发票骗局的受害者。在这起骗局中，立陶宛黑客注册了一家与总部位于中国台湾的电脑公司同名的公司，并以这个假公司的名义在立陶宛和塞浦路斯开设银行账户。由于台湾的电脑公司是谷歌和脸书的供应商，该黑客就以台湾电脑公司的名义向这两家互联网公司的财务部门发送钓鱼式电子邮件，要求它们把欠款汇入其银行账户。这些电子邮件发自伪造的电子邮箱，却成功骗取了两大互联网公司员工的信任。

在两年的时间里，该黑客通过伪造电子邮件、公司发票以及相关文件，骗取了超过 1 亿美元的款项，并将这些资金汇入其东欧的银行账户。

在这一案例中，攻击者通过身份伪装成功蒙蔽了目标公司，实施了欺诈行为，导致目标公司面临巨额损失，凸显了"伪装"在社交工程攻击中扮演的重要角色。

（二）网络钓鱼

网络钓鱼也是常见的社交工程攻击类型，是伪装的一种特定形式，旨在通过伪装成可信赖的实体，诱使用户进行特定操作，包括点击链接、下载附件，致使其泄露敏感信息，如用户名、密码、信用卡信息等。

大多数网络钓鱼诈骗都会完成六件事：第一，获取个人信息。如姓名、地址和社会保险号。第二，伪装成可信实体。攻击者会伪装成可信赖的组织或个人，如银行、社交媒体平台、电子邮件提供商等。第三，发送虚假信息。攻击者会通过电子邮件、短信、社交媒体消息等方式向目标发送虚假信息，其中可能包含引诱性的链接、附件或其他内容。第四，诱导用户进行操作。攻击者通过欺骗手段诱导目标执行特定的操作，如点击链接、下载附件、输入敏感信息等。第五，窃取更多敏感信息。一旦目标被诱导，攻击者就可以窃取更多敏感信息，如用户名、密码、信用卡号码等。第六，利用获得的信息。攻击者可能会滥用窃取到的信息，进行身份盗窃、欺诈活动，或者用这些信息进一步渗透目标系统。

案例 3-5

2014年，某公司成为鱼叉式网络钓鱼①攻击的受害者。

为了实施攻击，网络犯罪分子冒充信息安全管理员向包括公司首席执行官在内的员工发送电子邮件，敦促他们核实"可疑账户行为"。这些电子邮件信息还包含了一些钓鱼网站的链接，旨在窃取员工的登录凭据。

几个月后，黑客成功入侵了该公司的操作系统中心配置管理器，这使得他们可以在所有员工的设备上安装恶意软件，窃取大量的机密数据，并从公司电脑上删除了原始副本。通过文件共享网络泄露了四部未上映的电影和大量机密材料，包括高管之间的私人通信、社会安全号码和员工工资等。

在这一案例中，攻击者冒充公司的信息安全管理员，滥用员工的信任，引导其点击恶意链接。这次攻击不仅令机密数据曝光，还直接妨碍了公司业务，影响了电影的全球发行。因此，钓鱼攻击的危害不可忽视。

（三）诱饵

在社交工程中，攻击者以目标感兴趣或渴望获取的项目或物品为诱饵，以达到获取敏感信息或滥用系统权限的目的。这种方法的核心在于利用人的好奇心或渴望获得特定资源的心理。

---

① 鱼叉式网络钓鱼（Spear Phishing），一种源于亚洲与东欧只针对特定目标进行攻击的网络钓鱼攻击。

常见的诱饵包括免费或极具吸引力的项目，如音乐、电影、软件等。攻击者可能通过虚假的网站、社交媒体广告或电子邮件，宣称提供免费的热门音乐或电影下载。用户被吸引并点击链接，然后可能被引导至伪装的登录页面，输入个人信息，使攻击者轻松窃取用户的登录凭据。

此外，攻击者还可能采用物理媒介作为诱饵。例如，他们可能会故意丢弃带有病毒的 U 盘，或者发送包含恶意软件的可移动存储设备。当用户插入这些设备时，恶意软件就会悄悄感染其系统，从而为攻击者提供对目标设备的访问权限。

案例 3-6

2020 年，新冠疫情在全球暴发，相关话题受到广泛关注，而不少黑客也瞄准了这一热点，纷纷利用"新冠""肺炎"等字眼进行网络攻击。

2020 年 4 月，DTLMiner 病毒作者以"COVID-19 新冠病毒感染"为诱饵，发送钓鱼邮件传播病毒，一旦有人打开钓鱼邮件点击附件，就有可能使其计算机变为黑客获利的"矿机"。

这个案例凸显了攻击者善于利用当前热门话题和社会关切点引发人们的好奇心，通过制造与之相关的虚假诱饵，引导受害者执行恶意操作。

「第三节」
社交工程攻击的防范技巧

通过上面的介绍，相信你已经对社交工程有了不少了解，是否会对社交工程的多种多样、变幻无穷感到担忧？接下来，本书将通过案例详细介绍社交工程攻击的防范方法。

一、通过其他的方式（例如电话、视频）确认对方身份

案例 3-7

一天，小李接到了一通电话，对方声称自己是一家知名技术支持公司的员工，小李的电脑感染了病毒需要立即远程修复。警惕的小李要求来电者提供公司的名称、员工编号和联系方式，以便他能够验证身份。来电者提供了一些信息，但小李还是感到不放心。他决定主动联系该技术支持公司的官方客服，以确认来电者的身份。经确认，小李发现来电者并不是该公司的员工，而是一名冒充技术支持人员的骗子，从而成功防范了这次社交工程攻击，避免了潜在的安全威胁。

在本案例中，小李通过要求来电者提供详细信息、主动联系技术支持公司的官方客服进行核实等多个步骤，成功识别并避免了诈骗风险。这种做法不仅保护了自己的个人信息和电脑安全，也为其他人树立了防范诈骗的典范。

这个案例为我们提供了宝贵的防范经验。首先，当接到类似声称电脑存在安全问题的电话时，我们应该保持冷静，不要轻易相信对方的话。其次，要求对方提供详细的身份信息是一种有效的验证手段。合法的公司或机构通常能够提供准确的信息，而攻击者则可能无法提供或提供虚假信息。最后，通过官方渠道进行身份核实是最为可靠的方法。我们应该主动寻求官方联系方式，以确保与真实的客服人员取得联系，而不是仅依赖对方提供的信息。

二、对接收的文件（尤其是来自陌生邮箱的附件）进行病毒查杀

案例 3-8

小于是一家大型公司的信息技术管理员，他每天都会处理大量的电子邮件和文件。有一天，他收到了一封邮件，寄件人声称邮件中包含另一家合作公司的重要文件，涉及关键的项目细节，需要尽快审阅。

尽管小于信任这家合作公司，但他还是决定在打开文件之前进行一次病毒查杀。他运行了公司安全软件中的最新病毒扫描程序，并等待结果。

扫描结果显示，文件中包含了一种未知的恶意软件。

小于对此感到惊讶，因为这并不是他平常接收到的合作伙伴文件的正常情况。他立即将这一情况报告给了公司的安全团队，并将文件隔离，以防止恶意软件传播。

在本案例中，小于展现出了很强的信息安全意识和应对能力。面对来自合作公司的邮件，他并未掉以轻心，而是先进行了病毒查杀来确保文件的安全性。在发现恶意软件后，他迅速向公司的安全团队报告

并隔离了文件，保护了公司的网络和信息安全。

　　这个案例告诉我们，在日常工作中，无论是对内部文件还是外部邮件的处理，都应保持警惕，采取必要的防范措施，以确保信息的安全。同时，对安全工具的熟练运用和及时有效的应对方式也是保障信息安全的关键。

三、切勿轻易点击邮件中的链接地址（尤其是包含"& redirect"字段）

案例 3-9

　　小杨是一个喜欢在线竞赛的游戏玩家。一天，他接到一封电子邮件，内容是小杨赢得了一台昂贵的游戏机，只

需提供一些个人信息就可以领取该奖品。邮件中附有一个链接，要求他点击以填写信息。

尽管小杨感到兴奋，但理智的他首先检查了发件人的电子邮件地址，发现并不是游戏公司的官方邮箱。然后，他将鼠标悬停在链接上，而不是点击它，又发现链接的目标不是游戏公司的官方网站。

于是，小杨直接前往游戏公司的官方网站，以查看自己是否真的赢得了奖品。经过核实，他判断这封电子邮件是一次诈骗尝试，便立刻删除了邮件，避免了潜在的信息泄露。

在本案例中，小杨在面对潜在的诈骗时展现出了高度的警惕性和防范意识。他通过检查发件人地址、悬停链接查看真实地址以及直接访问官方渠道进行核实等多个步骤，成功识别并避免了诈骗风险。

这个案例提醒我们，在日常生活中，我们应该时刻保持警惕，不轻易相信来历不明的邮件或信息。同时，掌握一些基本的防范技巧也是非常必要的，比如检查发件人地址、核实链接真实性等。只有这样，才能更好地保护自己的信息安全和财产安全。

四、对于涉及账户信息或者金钱交易的网站，应确认网站域名是否正规及网站证书是否有效

案例 3-10

小李在网上看到一家打折促销的购物网站，想买一些

商品。在填写个人信息前，他决定检查一下网站的安全性。他点击了浏览器地址栏中的小锁图标，查看了网站的证书信息。虽然显示证书是由一个知名机构颁发的，但小李发现证书的有效期已过。

通过独立搜索引擎查找这个网站的评价和用户评论，小李意外地看到了一系列不寻常的负面反馈。多个用户在评论中提到，他们在这个网站购物后，遇到了交付延误、商品与描述不符的问题，甚至有人称他们的个人信息被滥用。

深入了解后，小李发现了这个网站的模式：通过打折促销和看似正规的商品吸引用户，在用户填写个人信息和支付后并不交付商品，而是利用这些个人信息进行欺诈活动。

在本案例中，小李展现出了极高的警惕性和自我保护意识。他通过检查网站证书和搜索用户评价，成功识破了潜在的欺诈网站，避免了可能的经济损失和个人信息泄露。

这个案例也给我们带来了启示，在网络购物日益普及的时代，我们应该时刻保持警惕，不要轻信不明来源的购物网站。在购物前，应该仔细核实网站的安全性和可靠性，可以通过查看网站证书、搜索用户评价、了解网站的退换货政策等方式来进行判断。同时，也应该加强个人信息保护意识，避免在不可靠的网站上填写个人信息和进行交易。只有这样，才能更好地保护自己的财产安全和隐私权益。

五、使用泛化称呼、警告性语气的邮件要警惕

案例 3-11

小张是一家公司的员工，一天他收到一封电子邮件，称呼是"亲爱的用户"，邮件大意是公司将进行系统升级，需要员工尽快填写个人信息以确保账号安全。邮件中还强调："请务必今日下班前完成填写，如不及时处理将删除账号，影响工作正常进行。"

尽管邮件看起来是来自内部的通知，但小张觉得有些不对劲。首先，公司一般不会用如此泛化的称呼，更常用具体的姓名或职位来称呼员工。其次，邮件中的紧急性和威胁性语气引起了他的警觉。

小张决定采取一些预防措施。他并未点击邮件中的链接，而是直接登录公司的内部系统，查看是否有相关通知。结果显示公司并没有进行系统升级，这封邮件很可能是一种钓鱼邮件，旨在诱导员工泄露个人信息。

在本案例中，小张面对疑似内部紧急邮件时，迅速识别异常，不盲目点击链接，而是直接通过公司内部系统验证，成功防范了网络攻击，保障了信息的安全。

通过这个案例，可以得到以下几点启示：第一，在收到看似内部通知的邮件时，应该保持警惕，不要轻易相信邮件中的内容和要求。第二，要熟悉公司内部的沟通方式和流程，以便能够迅速识别出异常邮件。第三，当对邮件的真实性存在疑虑时，应该采取谨慎的行动，如直接登录公司内部系统进行核实，而不是轻率地点击邮

件中的链接。

小　结

在本章中，我们跟随社交工程受害人兼科普员小王的脚步对社交工程进行了系统的学习。首先，探索了社交工程的概念与影响。在互联网时代，社交工程不再是简单的人际沟通技巧，其已经成为一种能够窃取金钱、信息，甚至是危及国家安全的手段。其次，分析了社交工程的常见步骤与方法。从社交工程者的角度看，信息收集、建立信任、获取漏洞和漏洞执行是其实施攻击的基本步骤。通过钓鱼攻击、伪装身份等手段，社交工程者能够迅速深入目标的生活，进而实施更为高效的攻击。最后，介绍了一系列实用的防御方法，包括身份验证、文件查杀、不轻易点击陌生链接等。这些方法可以帮助我们构筑起数字城堡的坚固防线，抵挡"社交游戏"中的花言巧语。

希望我们每个人都能了解社交工程的威胁，并采取有效的措施维护自身的网络安全。希望在未来的数字征程中，我们能更从容地航行在信息的海洋中，不受社交工程的诱惑所困扰，成为数字时代的智者，共同构建更为安全的网络环境。

第 四 章
恶 意 软 件

随着信息技术的发展，恶意软件成为一种常见的网络安全威胁。它可以窃取、破坏、篡改或控制我们的数据和资源，给我们造成严重的损失和伤害。恶意软件有很多种类，如病毒、蠕虫、木马、勒索软件等，它们都有各自的特点和危害。恶意软件通常会通过一些隐蔽的方式传播和感染，如电子邮件附件、恶意网站或下载文件等，我们很难发现和防范它们。本章将介绍恶意软件的基本概念、分类、特点和危害，以及一些防范处置措施。通过本章内容，我们可以了解恶意软件是如何传播、感染和执行的，以及如何应对和防范恶意软件的威胁。

「第一节」
恶意软件：网络空间中的蛀虫

一、恶意软件简介

（一）恶意软件的定义

恶意软件是指能够破坏计算机系统或盗取数据的软件，它们是利用信息系统中存在的漏洞或缺陷故意编制的、对计算机系统或网络会产生威胁的计算机程序。在信息化高度发展的今天，恶意软件严重威胁着现代社会的正常运转，并且其已经成为信息社会安全的最大隐患之一。

（二）了解恶意软件的重要性

恶意软件成为一个重要话题，涉及个人、企业、社会和国家四个层面的原因。

在个人层面，恶意软件对个人隐私和安全构成威胁。个人电脑和移动设备中的恶意软件会窃取个人敏感信息，如银行账号、密码、身份证号码等，导致个人财产损失和身份隐私泄露。

在企业层面，恶意软件对企业网络和数据安全构成严重威胁。企业系统中的恶意软件会导致数据泄露、商业机密被窃取，甚至使整个业务遭受停摆。勒索软件的崛起使企业成为高风险目标，黑客通过加密重要文件并勒索赎金，威胁着企业的经济利益和声誉。

在社会层面，恶意软件的传播和攻击会对社会产生广泛影响。大规模的恶意软件攻击会导致关键基础设施的瘫痪，如电力系统、交通系统和通信网络。这不仅会造成巨大经济损失，还会对社会秩序和公共安全造成威胁。

在国家层面，恶意软件对国家安全具有重大威胁。国家的敏感信息、军事机密和关键基础设施都可能成为恶意软件攻击的目标。政府部门、军事机构、能源供应商等关键行业的网络被入侵可能产生严重后果，如国家机密泄露、军事行动受阻、基础设施瘫痪等。

（三）恶意软件的现实危害

大规模恶意软件攻击事件屡见不鲜。2017 年 6 月，NotPetya 恶意软件通过乌克兰的会计软件 M.E.Doc 的更新服务器传播，迅速扩散至全球，影响了多个国家的大型跨国公司、能源公司、物流公司和政府机构，造成了超过 10 亿美元的经济损失。2021 年 5 月，一家名为 DarkSide 的勒索软件团伙对美国大型成品油管道运营商科洛尼尔管道（Colonial Pipeline）发起了攻击，导致该公司暂停了管道运输服务，并支付了近 500 万美元的赎金。2021 年 7 月，一家名为 REvil 的勒索软件团伙利用了 Kaseya VSA 产品中的零日漏洞，发动了一场针对全球超过 1000 家企业和组织的大规模勒索软件攻击。2021 年 9 月，微软披露了一个编号为 CVE–2021–40444 的 MSHTML 远程代码执行漏洞，该漏洞通过恶意 Office 文档影响了数百万 Windows 用户。

二、恶意软件发展趋势

恶意软件的发展与互联网的发展密切相关，因为互联网为恶意软件的传播和感染提供了平台和途径。根据互联网历史的不同阶段，可以将恶意软件的发展趋势分为三个阶段。

发展早期的恶意软件主要是病毒和蠕虫，它们通过磁盘或局域网进行传播，目的是破坏系统或显示一些恶作剧信息。这些恶意软件通常不具有高度复杂性和隐蔽性，也不涉及经济利益。1988 年美国康奈尔大学研究生罗伯特·莫里斯将一个称为"蠕虫"的恶意软件送进了美国互联网，他的本意是想测试互联网的规模，但该蠕虫迅速感染了数千台 Unix 计算机，这次事件标志着恶意软件第一次在互联网上大规模传播。

发展中期的恶意软件开始利用互联网的普及和电子邮件的广泛使用，进行更大规模的传播和感染。这些恶意软件包括木马、后门、键盘记录器等，目的是窃取用户的个人信息、财务信息或敏感数据。这些恶意软件逐步具有一定的隐蔽性和反侦测能力，以逃避杀毒软件的检测和清除。2000 年 5 月，爱虫病毒在全球各地迅速传播，它通过微软 Outlook 电子邮件系统传播感染了全球上百万台计算机，其使用的电子邮件主题为"I Love You"，包含一个附件"Love–Letter–for–you.txt.vbs"，一旦附件被打开，系统就会自动复制并向用户通讯簿中所有电子邮件地址发送这一病毒。计算机感染这一病毒后，邮件系统速度会变慢，并能导致整个网络系统崩溃。

发展后期的恶意软件进入了一个新的高度，它们不仅利用互联网和电子邮件，还利用社交网络、移动设备、物联网等新兴技术进行传播和感染。这些恶意软件包括勒索软件、僵尸网络、加密货币挖矿软件等，目的是获取经济利益及进行政治、军事或意识形态的攻击。这些恶意软件具有高度的复杂性、隐蔽性，以及强大的自我保护和自我更新能力，以应对杀毒软件和网络安全机构的防御和打击。

恶意软件的发展趋势可以概括如下：一是恶意软件的种类和数量不断增加，涵盖了勒索软件、木马、僵尸网络、挖矿软件、间谍软件等多种形式。二是恶意软件的攻击手段和技术不断创新，利用了人工智能、云计算、物联网等新兴技术，提高了恶意软件的隐蔽性、传播性和破坏性。三是恶意软件的攻击目标和范围不断扩大，针对各行各业的重要领域和关键基础设施，造成了巨大的经济损失和社会影响。四是恶意软件的攻击动机和背景更加复杂多样，涉及黑客、网络犯罪组织、恐怖分子等多种主体，有些甚至具有跨国和跨地域的特征。

「第二节」

常见的恶意软件及传播途径

恶意软件经过几十年的发展，呈现出了种类繁多、技术复杂的特点，不同类型的恶意软件在技术实现、入侵目标、传播方式等方面均有差异。

一、常见恶意软件介绍

（一）计算机病毒

计算机病毒是一种恶意的计算机程序，它能够自我复制并感染其他的程序或文件，从而对计算机系统或数据造成不同程度的破坏。计算机病毒的主要特点有以下几个方面：

传染性。计算机病毒能够通过网络、电子邮件、移动存储设备等途径传播到其他的计算机上，形成感染链。

隐蔽性。计算机病毒通常会隐藏在其他的可执行程序中，或者利用加密、变形等技术来避免被杀毒软件检测到。

潜伏性。计算机病毒在感染后不一定立即发作，而是会在一定的条件下触发其恶意行为，如在某个特定时间或用户进行某项操作等。

破坏性。计算机病毒在发作时会对计算机系统或数据进行修改、删除、加密、窃取等操作，造成系统运行缓慢、死机、崩溃、数据丢失、信息泄露等后果。

根据传播方式和感染对象的不同，计算机病毒可以分为网络病毒、文件型病毒、引导型病毒和混合型病毒。

（二）蠕虫

蠕虫是一种能够自我复制并通过网络传播的恶意软件，它与病毒都是常见的恶意软件，但两者之间存在区别，主要体现在作用方式和传播范围上。

在作用方式上，病毒依附于其他程序或文件，需要用户的操作才能运行或复制；蠕虫不需要依赖于其他程序或文件，也不需要用户的操作即可完成自我复制和传播。

在传播范围上，病毒通常会感染一个或多个特定的文件，例如可执行文件、文档、磁盘扇区，其目的是删除修改文件、占用系统资源、打开后门等；蠕虫通常会感染整个网络，如利用电子邮件、即时通信软件或者网络共享等方式在局域网、互联网传播，其目的是消耗网络带宽、拖慢系统速度、下载其他恶意软件或者创建僵尸网络等。

根据传播与感染方式的不同，蠕虫可以分为电子邮件蠕虫、即时通信软件蠕虫、点对点（P2P）蠕虫、漏洞传播的蠕虫、搜索引擎传播的蠕虫。

（三）特洛伊木马

特洛伊木马（以下简称"木马"）的名称来源于古希腊神话中

的特洛伊木马计，它是一种用来欺骗敌人的战术。在特洛伊战争中，希腊人将一个巨大的木制马送给了特洛伊人，但是在木马内部藏了一批希腊士兵。夜里，希腊士兵从木马中出来，打开城门，让城外希腊士兵进入城内，最终摧毁了特洛伊城。

软件安全领域中的木马是一种常见的恶意软件，它可以伪装成一个正常的程序或文件，诱导用户下载或运行它，通过欺骗用户来获取访问权限或执行恶意操作。木马是基于客户端/服务端（Client/Server）结构的远程控制程序，其工作原理是一台主机提供服务作为服务器端，另一台主机接受服务作为客户端，一旦被激活，木马就会在用户的计算机上执行恶意的行为。木马的作用方式非常多样，如窃取用户文件、篡改或删除数据、释放病毒、监视用户活动、控制计算机硬件等。

根据入侵目的的不同，特洛伊木马可以分为远程访问木马、密码窃取木马、后门木马、屏幕记录木马、假冒软件。

（四）勒索软件

勒索软件（Ransomware）是一种近十年来逐渐兴起的恶意软件，它的主要目的是通过锁定设备或加密系统文件限制用户对系统和数据的正常访问以勒索钱财，遭受勒索软件攻击时一般有如下表现：

加密文件。勒索软件会加密用户的文件，使其无法访问或打

开。它们使用强加密算法对文件进行加密，只有掌握解密密钥的攻击者才能恢复文件的原始状态。

支付赎金。一旦用户的文件被加密，勒索软件就会显示勒索通知，要求用户支付赎金以获取解密密钥。通常，赎金要求以加密货币（如比特币）支付，以确保支付的匿名性。

倒计时限制。勒索软件通常设置一个时间限制，要求用户在限定时间内支付赎金，否则文件将永久丢失或解密密钥将被销毁。

威胁和恐吓。勒索软件可能会使用恐吓手段，威胁用户如果不支付赎金，其文件将被公开发布、销毁或永久丢失。

根据特征与功能的不同，勒索软件可以分为加密型、屏幕锁定型、数据泄露型、社交工程型、高度定制型。

（五）挖矿软件

挖矿软件是一种与区块链技术密切相关的恶意软件，它的目的是利用受感染计算机的计算资源来进行加密货币（如比特币）的挖掘，挖矿软件具有如下特点：

隐蔽感染。挖矿软件通

常以隐蔽的方式感染计算机。它可以通过恶意链接、下载来源不明的软件、潜在漏洞或社交工程学攻击等方式进入系统，并在后台默默运行，尽量不引起用户的注意。

资源占用与能耗增加。挖矿软件利用受感染计算机的计算资源，包括中央处理器（CPU）和图形处理器（GPU），进行加密货币的挖矿。这会导致计算机的性能下降，能耗明显增加，变得缓慢和不稳定。

网络流量增加。挖矿软件在挖矿过程中会与远程服务器通信，发送挖矿结果并接收新任务。这会导致网络流量的增加，从而对网络连接速度和带宽产生负面影响。

自我保护。许多挖矿软件具有自我保护机制，以避免被检测和删除。它们可以监视系统的活动，检测到反恶意软件工具的存在，并采取措施来绕过这些工具的检测。

聚集式挖矿。一些挖矿软件采用聚集式挖矿的方式，将多个受感染计算机连接在一起，形成一个挖矿网络，共同挖掘加密货币。这种方式可以增加挖矿效率，并使攻击者更容易获得利润。

根据特征与功能的不同，挖矿软件可以分为基于中央处理器的挖矿软件、JavaScript 挖矿脚本、挖矿蠕虫、聚集挖矿软件等。

（六）间谍软件

间谍软件是指一种用于非法获取目标计算机系统或网络中的机密信息的恶意软件。它的设计目标是潜入系统并悄悄地收集、窃取敏感信息，而不被用户察觉，体现在如下几个方面：

情报窃取。间谍软件可用于窃取政府机关的重要情报和机密信息，涉及国家安全战略、军事计划、外交政策、经济数据、国内安

全情报等。这些信息对国家安全和国家利益至关重要，泄露给敌对势力可能导致严重后果。

破坏机构功能。间谍软件可能会拦截、篡改或破坏机构内部的通信和数据传输，干扰决策和行动的执行。这可能导致信息泄露、操作失误、部门之间的不协调等问题，严重影响机构的运作和决策能力。

攻击网络基础设施。间谍软件可以用于攻击网络基础设施，包括政府网站、电子邮件系统、数据库和其他关键系统。这种攻击可能导致系统瘫痪、数据丢失、服务中断，给社会的稳定带来严重影响。

（七）广告软件

广告软件是日常生活中较为常见的恶意软件，其主要目的是向用户展示广告，并在用户的计算机上收集广告相关的信息。广告软件通常通过捆绑在免费软件、浏览器插件、工具栏中进行传播。广告软件具有如下技术特点：

广告植入。广告软件会通过改变浏览器的默认设置或植入代码到网页中，以在用户访问网页时显示特定的广告。

跟踪用户行为。广告软件会收集用户的浏览习惯、搜索历史、点击行为等信息，并将这些信息发送给广告商或第三方。

信息收集与传输。广告软件可能会收集用户的个人身份信息、IP 地址、地理位置等敏感数据，并将这些数据传输给广告商或其他恶意组织。

资源占用。某些广告软件可能会占用计算机的系统资源，导致计算机运行缓慢，响应时间延迟，甚至系统崩溃。

隐蔽性。广告软件通常会采取隐蔽的方式进行传播和植入，以避免被用户察觉和卸载。它可能会隐藏在其他软件的安装程序中，或者通过捆绑软件的方式一同安装。

根据不同的技术特点与目的，广告软件可以分为弹窗广告软件、浏览器劫持软件、资源占用型广告软件、捆绑软件等。

二、恶意软件的传播途径

（一）利用移动存储介质传播

案例 4-1

初入机关单位的小张在一次外出会议时，从一位合作伙伴那里借了一个 U 盘，用来拷贝一些工作资料。回到单位后，他将 U 盘插入自己的电脑，打开了 U 盘中的文件，结果触发了隐藏在 U 盘中的勒索病毒。勒索病毒迅速对小张电脑上的所有文件进行了加密，并弹出了一个要求支付赎金，否则就会删除所有文件的提示窗口。

小张惊慌失措，不知道该怎么办。他试图用杀毒软件

清除病毒，但是发现已经
无济于事。他也不敢向领
导汇报，因为他的电脑上
有很多重要的工作文件，
如果丢失了，会给单位带
来巨大的损失。他只好私
下联系了勒索病毒的制作

者，希望能够通过支付赎金解决问题。然而，在赎金支付
后他并没有得到解密的密钥，反而被勒索病毒的制作者要
求支付更多的赎金，小张陷入了困境。

与此同时，勒索病毒还通过局域网感染了小张所在部
门的其他电脑，造成了更大的破坏。最终，这一事件被单
位的网络安全部门发现，经过紧急处理，才将勒索病毒的
传播控制在一定的范围内，避免了更严重的后果。

移动存储介质是指包括 USB、移动硬盘、SD 卡等在内的可
移动存储设备，利用移动存储介质传播恶意软件的攻击方式属于
近源攻击的范畴，要采取这种攻击需要攻击者接触受害设备接口。
利用移动存储介质传播恶意软件的技术包括拷贝传播和自动传播
两种。

1. 拷贝传播

拷贝传播是一种较为常见的利用移动存储介质传播恶意软件的
技术，攻击者需要对存储在移动存储介质中的恶意软件做好防杀毒
软件处理，然后将移动存储介质插入设备接口并将恶意软件手动拷

贝至受害设备的文件系统，最后运行恶意软件。

2. 自动传播

自动传播是指只要攻击者向受害设备插入含有恶意软件的移动存储介质，即可自动运行恶意软件的一种传播技术，其具有"即插即运行"的技术特点。例如，BadUSB 是一种利用 USB 设备自动传播恶意软件的技术，它利用了 USB 设备的固件漏洞和自动运行功能，使攻击者能够控制 USB 设备并将恶意代码植入受感染的设备。以下是 BadUSB 传播的一般过程：

攻击者获取目标 USB 设备。攻击者首先需要获取目标 USB 设备，如 USB 闪存驱动器、键盘、鼠标等。这些设备通常被广泛使用，并且用户普遍信任它们。

修改 USB 设备固件。攻击者会修改 USB 设备的固件（如控制器固件），将恶意代码嵌入其中。这些恶意代码可以是键盘记录器、远程访问工具、恶意脚本等，具体功能取决于攻击者的目的。

模拟合法设备行为。攻击者通过修改固件，使 USB 设备在连接到受感染的计算机时能够模拟正常的设备行为。操作系统会将其识别为合法设备，如键盘、鼠标、存储设备等。

自动运行功能滥用。一旦目标 USB 设备插入受感染的计算机，恶意固件就会滥用操作系统的自动运行功能。操作系统会自动运行 USB 设备中的特定文件，如 autorun.inf 文件。恶意固件通过自动运行功能来激活恶意代码。

恶意软件执行。一旦恶意软件被激活，便可以执行各种恶意操作，如窃取敏感信息、安装后门程序、传播其他恶意软件等。攻击者可以远程控制受感染的计算机，获取敏感数据或进行其他恶意活动。

（二）利用网络传播

案例 4-2

小张被分配到材料处负责管理和处理大量敏感的材料和文件。为了确保信息的安全，他采取了一系列网络安全措施，包括安装防火墙、入侵检测系统和定期更新杀毒软件。近期小张收到了来自内网邮箱的一封电子邮件，发件方显示为"外联部"，发件人声称有一份重要的合作协议需要材料处的同事进行核实且时间紧急，小张信以为真便点击邮件末尾的链接下载了 PDF 文件。然而，这份文件携带了具有免杀效果的后门，并且在小张点击文件的瞬间后门就被释放出来并取得了主机控制权，几日后暗网某黑市开始高价出售此机关单位的重要数据。

后来，单位的网络安全专家通过对受害主机的入侵痕迹进行取证发现，黑客首先入侵了单位内网的边界主机，然后再通过局域网传输电子邮件病毒，最终导致小张中招。

1. 局域网传播

恶意软件利用局域网传播通常有以下方式：

内网蠕虫攻击。恶意软件可以被设计成蠕虫，利用局域网内的共享文件、漏洞或弱密码来感染其他设备。一旦恶意软件感染了一个设备，便可以扫描局域网上的其他设备，并尝试利用相同的漏洞或弱点来传播自身。

网络共享传播。恶意软件可以将自身复制到共享文件夹、网络

驱动器或网络共享资源中。当其
他用户访问这些共享资源时，可
能会执行恶意软件，并传播到其
他设备上。

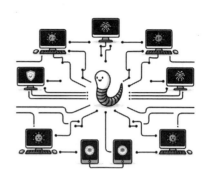

社交工程攻击。攻击者可以
通过局域网内的电子邮件、即时
消息或内部网站发送包含恶意链
接或附件的信息。当用户点击这
些链接或打开附件时，恶意软件会被下载和执行。

受感染的移动设备。如果一个设备在局域网内被感染，通过插
入受感染的移动存储介质并共享文件或自动运行等，就能将恶意软
件传播到其他设备。

2. 因特网传播

恶意软件利用因特网传播通常有以下方式：

恶意下载。攻击者可以将恶意软件放置在恶意网站上，当用户
访问这些网站时，恶意软件会自动下载和安装。这可以通过欺骗性
广告、钓鱼网站或操纵合法网站来实现。

社交工程攻击。攻击者可以通过电子邮件、即时消息、社交媒
体或论坛发布包含恶意链接或附件的信息。当用户点击这些链接或
下载附件时，恶意软件会被激活和传播。

漏洞利用。恶意软件可以利用操作系统、浏览器、应用程序等
的安全漏洞来感染用户设备。一旦攻击者利用这些漏洞成功入侵用
户的设备，恶意软件就会被安装。

僵尸网络传播。恶意软件可以加入僵尸网络，攻击者通过远程
控制僵尸网络中的被感染设备，来传播恶意软件。

恶意广告。攻击者可以在合法网站上投放恶意广告，这些广告可能包含恶意代码或链接。当用户点击这些广告时，可能会被重定向到包含恶意软件的网页，或直接下载恶意软件。

（三）利用系统与软件漏洞传播

案例 4-3

小张所在的材料处从单位建立之初便一直存在，处里的计算机也已经成为"老古董"。小张虽然已经具备了一定的安全意识，但却疏于更新计算机的软件补丁，导致此前计算机中的一个漏洞仍然存在于材料处的 Web 主机中。黑客利用这个机会，利用该漏洞成功侵入了单位内网。通过工具扫描，黑客发现了材料处存在安全弱点的 Web 服务器，其成功获取了该服务器的访问权限，并且开始在单位内网中进一步渗透——使用扫描工具探测网络中其他计算机的漏洞，寻找其他易受攻击的主机。这使得黑客成功渗透了一系列计算机，并进一步扩大了对单位内网的控制范围。随后，黑客开始窃取和篡改敏感数据，利用获取的访问权限，悄悄地窃取了员工的个人信息、重要材料等。

小张在远程登录 Web 服务器时发现主机突然间蓝屏，

惊慌失措的他赶紧叫来网络安全部门的同事，他苦思冥想不知自己最近有什么缺乏安全意识的行为，最后他了解到原来是主机系统本身存在漏洞，主机需要及时打上补丁才能防范漏洞攻击。

1. 系统漏洞

系统漏洞是指操作系统中存在的安全漏洞，恶意软件可以利用这些漏洞来传播和感染其他计算机。一个著名的例子便是前文提到的 Wanna Cry 勒索软件攻击，它利用了 Windows 操作系统中的漏洞迅速传播。这个漏洞存在于服务器消息块（SMB）[①] 文件共享协议中。攻击者可以通过发送特制的网络数据包到受感染的计算机上的漏洞端口，远程执行恶意代码，从而感染目标计算机。一旦有一台计算机被感染，恶意软件就会自动传播到其他易受攻击的计算机上，形成恶性循环。

2. 软件漏洞

软件漏洞是指应用程序或软件中存在的安全漏洞，恶意软件可以利用这些漏洞来执行恶意代码。Office Word 是一种常见的办公套件，曾经存在过多个安全漏洞。如被称为"宏病毒"（Macro Virus）的漏洞。恶意软件可以利用这个漏洞，通过恶意宏代码感染 Word 文档，并在用户打开文档时执行恶意代码。这种恶意代码可以损坏计算机系统、窃取敏感信息或传播到其他文档和系统中。

---

① 服务器消息块（SMB），一种应用层协议，允许 Windows 客户端访问文件和打印机等网络资源。

再如 Office Word 中的图像处理漏洞。在过去的一些版本中，恶意软件可以利用这些漏洞通过特制的图像文件来执行恶意代码。当用户打开包含恶意图像的文档时，恶意代码将被执行，导致系统被感染或受到其他形式的攻击。

三、恶意软件的入侵表现

系统性能异常。恶意软件可能会导致系统性能异常，例如计算机变得缓慢或响应时间延长。这是因为恶意软件会占用系统资源、执行大量计算，或在后台运行其他恶意活动，导致系统负荷增加。

网络活动异常。恶意软件可能会导致网络活动异常，例如大量的网络流量、远程连接尝试或与恶意服务器的通信。这些异常网络活动可能是恶意软件感染其他计算机、传输数据或接收指令的结果。

文件系统异常。恶意软件可能会对文件系统进行异常操作，例如删除、加密或篡改文件。这可能导致用户无法访问他们的文件、数据丢失或文件损坏。

注册表异常。恶意软件可能会修改系统的注册表，以实现自启动、隐藏或持久化。这些注册表异常可能导致系统启动时执行恶意代码，或者使恶意软件在系统重新启动后仍然存在。

密码与凭证泄露。某些恶意软件旨在窃取用户的密码和凭证信息，例如登录凭证、银行账户和密码等。这些信息泄露可能会导致身份盗窃、账户被入侵，以及财务损失。

不明程序进程。当恶意软件感染计算机时，可能会在任务管理器或进程列表中看到不明的程序或进程。这些程序可能是恶意软件的一部分，用于执行恶意活动或隐藏自身的存在。

随机弹窗、重启或崩溃。某些恶意软件可能会导致计算机出现随机的弹窗广告、意外的系统重启或程序崩溃。这些行为旨在引导用户点击广告或提供机会进行其他恶意活动。

安全软件失效。一些恶意软件会针对安全软件进行攻击，例如禁用防病毒软件、防火墙或反恶意软件工具。这样恶意软件就可以在计算机上运行而不被检测或阻止。

「第三节」
恶意软件的防范处置

如今，恶意软件仍在不断发展，入侵技术也在不断迭代，如何正确防范与处置恶意软件成为一个重要的话题，本节将从恶意软件预防、恶意软件处置两个方面来讲述如何有效应对恶意软件的入侵。

一、恶意软件预防

（一）筑牢数据隐私与信息安全意识

学习识别社交工程攻击。了解常见的社交工程攻击手段，如钓鱼邮件、伪装的网站或虚假的电话号码，以保护个人信息的安全。增强密码安全性。使用复杂且独特的密码，并定期更改密码，避免在多个账户上使用相同的密码。小心使用可移动设备。不随意接入未知来源的 USB 设备，避免从不可靠的设备中导入文件或程序。定期备份数据。定期备份重要的文件和数据，以防止数据丢失，将备份放在离线或云端的安全位置。学习网络安全知识。定期学习网络安全知识，了解最新的网络威胁和防护措施。

（二）使用安全工具与补丁

安装综合防护软件。选择一款可靠的综合安全软件，包括防病毒、防间谍软件等，以提供全面的保护。更新操作系统和应用程序。定期更新操作系统和安装补丁，以修复已知漏洞和强化系统安全性。启用防火墙。确保计算机上的防火墙处于开启状态，以限制不明程序的网络访问，并提供额外的安全屏障。定期扫描和清理。定期进行系统和文件的病毒扫描，清理和删除潜在的恶意软件。使用安全浏览器和插件。选择使用安全性高的浏览器，并安装可信的浏览器插件，以增强浏览器的安全性和隐私保护。

（三）谨慎进行上网行为

警惕不明链接和附件。避免点击不明来源或可疑的链接和附件，以防止恶意软件的传播。谨慎对待电子邮件和信息。对于来自陌生发件人、含有奇怪内容或要求提供个人信息的电子邮件和信息要保持警惕。谨慎下载和安装软件。从官方网站等受信任的来源下载软件，并仔细阅读安装过程中的提示和权限请求。谨慎使用公共Wi-Fi。避免在公共 Wi-Fi 网络上访问敏感信息，因为这些网络可能存在安全风险。注重个人隐私设置。定期检查和更新社交媒体及在线服务的隐私设置，限制个人信息的公开程度。

二、恶意软件处置

现实生活中针对恶意软件入侵的预防措施即使做得再好也难免百密一疏，当计算机系统不幸遭受恶意软件入侵时，首先要确定恶意软件类型；其次要清除恶意软件；最后要进行系统恢复。针对不同特点的恶意软件，需要制定不同的应对措施。

（一）加密类恶意软件

隔离被勒索的设备。拔掉网线或者修改网络连接设置，从网络中隔离所有被勒索的设备，防止勒索软件进一步传播，控制影响范围。同时排查受影响的主机数量，记录问题现象。关闭其他未被感染主机的高危端口。在局域网内其他未被感染设备上，关闭常见的高危端口（包括 135、139、445、3389 等），或设置可访问此端口的用户 / 计算机。

清除勒索软件。尝试使用杀毒软件扫描和清除勒索软件。重启操作系统，进入安全模式，安装杀毒软件并全盘扫描。勒索软件搜索文件并加密需要一定的时间，及早清理勒索软件既可以降低其危害程度，也能避免其重复锁定系统或加密文件。

解密与调查取证。不要直接重新安装操作系统。如果被加密锁定的数据比较重要，建议做好被加密文件的备份和环境的保护，防止因为环境破坏造成无法解密等。可以求助专业技术人员进行解密，并进行后续取证，以便分析勒索软件的攻击路径，对攻击路径进行溯源。

重装系统。如果勒索软件无法移除、被加密数据不可恢复，可以备份被加密数据以便未来恢复，然后格式化硬盘驱动器，擦除所有数据（包括受感染的数据），重新安装操作系统和应用程序。

（二）流氓类恶意软件

检查定时任务。流氓软件可能会在系统中创建定时任务，以便在后台运行或启动。打开任务计划程序并检查定时任务列表，查找可疑的任务。如果发现了与流氓软件相关的任务，应将其禁用或删除。

卸载流氓软件。尝试通过系统的应用程序管理工具卸载流氓软件。在 Windows 系统中，可以打开控制面板，选择"程序和功能"或"应用程序和功能"，找到流氓软件的条目，并选择卸载。如果无法正常卸载，可以尝试使用安全软件或专门的卸载工具来彻底移除它。

删除免安装软件。流氓软件有时会伪装成免安装的可执行文件，不需要安装即可运行。如果在计算机上发现了这样的文件，最好将其删除。可以使用文件管理器或安全软件进行扫描和删除。

防止浏览器主页篡改。流氓软件常常会改变浏览器的主页设置，将用户默认的主页改为它们所控制的网页。要防止这种篡改，可以按照以下步骤进行操作：第一，在浏览器设置中手动将主页设置为信任的网站。第二，检查浏览器的扩展和插件列表，删除可疑或未经授权的插件。第三，更新浏览器到最新版本，以确保安全漏洞得到修复。第四，定期清除浏览器的缓存、Cookie[①] 和浏览历史

---

① Cookie 是网站通过浏览器存储在用户设备上的小型文本文件，用于跟踪用户活动，记录登录状态等信息。

记录，以减少流氓软件的影响。

（三）后门类恶意软件

结束不明进程。打开任务管理器（在 Windows 系统中，按 Ctrl+Shift+Esc），查看正在运行的进程列表。寻找不熟悉或可疑的进程，特别是占用大量系统资源或与已知安装程序无关的进程。选择这些进程，点击任务管理器中的"结束任务"选项。

阻断不明端口通信。后门类恶意软件可能会在系统上打开特定的网络端口，以与远程服务器或攻击者进行通信。可以使用防火墙软件或安全设备来监控和阻断不明端口的通信。检查防火墙设置，并禁用不必要的开放端口，以加强系统的安全性。

移除后门。后门类恶意软件通常会在受感染的系统上创建后门，以便攻击者可以远程访问和控制系统。要移除后门，可以使用安全软件进行全面的系统扫描，检测和清除恶意软件及其相关的文件。确保安全软件是最新版本，并更新其病毒定义库，以便能够识别和删除最新的后门类恶意软件。

检查临时文件夹。后门类恶意软件可能会在系统的临时文件夹中创建和隐藏恶意文件。打开文件资源管理器，导航到临时文件夹（通常位于"C:\Users\[用户名] \AppData\Local\Temp"），并检查其中的文件列表。删除可疑的、未知的或随机命名的文件。

（四）挖矿类恶意软件

检查高占用进程。挖矿类恶意软件通常会占用大量系统资源，导致计算机变得缓慢或发热。打开任务管理器，查看正在运行的进程，并按中央处理器或内存占用排序。寻找资源占用异常高的进程，特别是与已知应用程序无关的进程。如果发现可疑的挖矿进程，选择并通过任务管理器中的"结束任务"选项终止它们。

终止挖矿进程。如果确定了挖矿进程，但无法通过任务管理器结束任务，可以尝试使用命令行工具（如 Windows 系统中的taskkill 命令）来终止挖矿进程。打开命令提示符（CMD），输入适当的命令以结束挖矿进程。例如，使用"taskkill /F /IM [进程名称] .exe"命令来强制终止指定的进程。

检查定时任务。挖矿类恶意软件可能会在系统中创建定时任务，以便在后台持续运行。打开任务计划程序，检查定时任务列表，查找可疑的任务。如果发现与挖矿相关的任务，应将其禁用或删除。

更新系统补丁。挖矿类恶意软件通常会利用系统或应用程序的安全漏洞进行传播和感染。应确保操作系统和相关应用程序都是最新版本，并及时安装系统补丁和进行安全更新。这将有助于修复已知的漏洞，减少挖矿恶意软件的传播和入侵风险。

小　结

本章以恶意软件为主题，首先介绍了恶意软件定义，以及了解恶意软件的必要性。指出恶意软件的目的通常是盗取用户的信息，破坏用户的系统、数据或网络。突出强调了恶意软件的严重危害性，并结合互联网的发展史讲述了恶意软件的发展趋势。其次，介绍了恶意软件的常见形式，包括计算机病毒、蠕虫、特洛伊木马、勒索软件、挖矿软件、间谍软件、广告软件等，从技术特点、目的、历史等多个层面对不同的恶意软件进行分类，讲述了恶意软件的传播途径，包括利用移动存储介质传播、利用网络传播、利用系统与软件漏洞传播，指出了主机遭受恶意软件入侵时的表现。最后，介绍了如何防范处理恶意软件，针对不同的恶意软件，包括加密类、流氓类、后门类、挖矿类，给出了不同的处置方法。

　　本章旨在呼吁读者加强对于恶意软件的防范意识，主动学习相关安全技能，筑牢维护信息安全的坚实基础。

第 五 章
网络诈骗和防范

网络是把双刃剑，在给我们的生活带来便利的同时，网络诈骗也随之而来。

近日，小赵接到某市"公安局民警"的电话，对方称小赵的某张银行卡可能被拐卖儿童的犯罪分子冒名使用了，小赵若不想被波及，就要尽快将银行卡内的钱，全部转到"警方"的"安全账号"进行冻结，同时该"民警"警告小赵，不得向其家属或本地的公安机关透露，否则会因为泄露公安机密被刑事打击。小赵信以为真，便向对方提供的多张银行卡内共转账 13300 元。而后小赵在"民警"的引导下，甚至继续找亲属借钱，在亲属的再三追问和开导下，小赵意识到自己被骗了，遂到派出所报警。

像这种网络电信诈骗的手段还有很多。本章，就让我们跟着小赵的脚步一同了解关于网络诈骗的相关知识吧。

「第一节」
常见及新型网络诈骗手段

"网络安全为人民，网络安全靠人民。"下列常见的诈骗手法你都见过哪些，是否能机智应对呢？

一、常见网络诈骗手段

（一）冒充电商物流客服类诈骗

情形 5-1

如果有人给你打电话称你的快递（物流）信息出现了问题，需要提供短信验证码，并且他准确说出了你的名字和电话号码，此时你会？（　　）

A. 信任他并直接配合他。

B. 与电话那边的人多聊两句看看是否有破绽，但因觉得处理麻烦还是给出了验证码。

C. 询问官方客服查询物流信息。

如果你选择了 A 或 B，那么你就掉进诈骗分子的陷阱了，正确的做法是 C。

在此类案件中，诈骗分子通常会冒充电商平台或快递（物流）企业客服，谎称受害人网购过程中出现了问题，而自己则是"好心"帮忙协助解决。例如，商品出现质量问题、售卖的商品因违规被下架、

快递（物流）信息异常等，再以"理赔退款"或"重新激活店铺"需要缴费等诸借口，诱导受害人提供银行卡和手机验证码等信息，并通过屏幕共享或要求下载指定应用程序（APP）等方式，指导受害人转账。受骗人群多为经常在电商平台网购的消费者或电商平台的店铺经营者。

（二）虚假网络投资理财类诈骗

情形 5-2

如果有人请求添加你为微信好友，说要拉你投资一部大电影的制作，并且此人的朋友圈全都是"有钱人的生活分享"，此时你会？（　　）

A.向他了解具体的项目内容，加入他。

B.不相信有这种好事，拒绝诱惑。

在这种情况下，一旦选择 A 选项，加入一场未知的投资，就极有可能血本无归。只有认清现实，拒绝诱惑选择 B，才能避免掉入陷阱。

当"一夜暴富"的"机会"找上门来时，一旦掉以轻心，十有八九就会落入诈骗分子的圈套里，这种利用人们暴富心理的网络诈骗手法一般为虚假网络投资理财类的诈骗。

在此类案件中，诈骗分子往往会通过多种方式将受害人拉入所谓"投资"群聊，然后冒充投资导师、金融理财顾问，以发送投资成功的假消息或"直播课"等方式骗取受害人的信任。或通过婚恋交友平台与受害人确定婚恋关系，再以有特殊资源、平台有漏洞等可获得高额理财回报等理由，诱导受害人在虚假投资平台开设账户进行投资，并对受害人前期小额投资试水予以返利，受害人一旦加大资金投入，就会出现无法提现的情况。此类案件的受害人多为具有一定收入、资产的单身人士，或热衷于投资、炒股的群体。

（三）虚假网络贷款类诈骗

情形 5-3

如果你最近比较缺钱但又急需用钱，这时你发现一个贷款网站称：无须验资，只需提供个人身份证信息、手机验证码，以及一定的手续费和保证金，便可以大幅提高贷款额度，此时你会？（　　）

A.输入个人信息和验证码，转钱贷款。

B.查询他们是否有专门的 APP，若有则放心贷款。

C.选择去正规银行贷款。

在上述情形中，有的人容易因为情况紧急而作出错误的决定，头脑一热就选择 A。如果这样做，诈骗分子很有可能利用受害者的信息和验证码去盗取其账户下的资金。还有的人会单纯地认为对方只要有专门的 APP 就是正规单位，但实际上当前 APP 的设计和制作门槛较低，诈骗分子会"做戏做全

套"，制作专门的 APP。正确的选择应该是 C，通过合法正规的途径贷款。

在此类案件中，犯罪分子往往会通过网络媒体、电话、短信、社交工具等发布办理贷款、信用卡、提额套现的广告信息，然后冒充银行、金融公司工作人员联系受害人，谎称可以"无抵押""免征信""快速放贷"，诱骗受害人下载虚假贷款 APP 或登录虚假网站。再以收取"手续费""保证金""代办费"等为由，诱骗受害人转账汇款。犯罪分子在收到受害人的转账后，便会关闭虚假 APP 或虚假网站，并将受害人拉黑。此类案件的受害人多为有迫切贷款需求、急需用钱周转的人群。

（四）刷单返利类诈骗

情形 5-4

如果有熟人对你说有一个轻松赚钱的门道，只需要购买指定商品（由卖家支付购买费用），并给予好评，就会返利百分之八给你，此时你会？（　　）

A. 觉得这是一种轻松挣钱的好法子，可以试试。

B. 先进行小额刷单试水，若确实有返利，再尝试大额刷单。

C. 不相信，拒绝加入。

在上述情形中，B 选项是典型的"温水煮青蛙"式诈骗手段，犯罪分子先用小额刷单让人放松警惕，待刷单数额一大，受害人将血本无归。C 选项才是最稳妥的方式。

以上是最简单的一种刷单返利类诈骗情形，事实上，网络刷单返利类诈骗已逐步呈现出变种较多、变化较快的特点，成为虚假投资理财、贷款等其他复合型诈骗，以及网络赌博、网络色情等其他违法犯罪的主要引流方式，被骗百万元以上的重大案件时有发生。

（五）冒充公检法类诈骗

情形 5-5

电话铃声响起，对方声称自己是公检法人员："您的名字是×××，身份证号是×××××××××××××××××××，您被卷入了一起涉嫌洗钱的重大案件，现在请将资金转移至我们的'安全'账户，配合破案并保密。给您发送的短信中包含了一个案件链接，您可以看一下。"点开短信链接，里面是"重大洗钱案情简介"，并配有一份盖有公安局公章的立案决定书，此时你会？（　　）

A.将自己的资金转移到对方指定的"安全"账户。

B.询问对方详细信息，在得到确切回答后再转移资金。

C.打110报警求助。

在上述情形中，有人一听是公检法人员便不知所措。事实上，即使对方报出自己的信息，也不要轻信，所谓清查资金、转账到安全账户，都是骗局。正确的做法是C。

在此类案件中，诈骗分子通常会利用非法渠道获取受害人的个人身份信息，随后冒充公检法机关工作人员，通过电话、微信、QQ等与受害人取得联系，以受害人涉嫌洗钱、非法出入境、快递藏毒、护照有问题等为由进行威胁、恐吓，要求其配合调查并严格保密，并向受害人出示"逮捕证""通缉令""财产冻结书"等虚假法律文书，以增加可信度。同时，要求受害人到宾馆等封闭空间，在阻断与外界联系的条件下"配合"其工作，将资金转移至"安全"账户，从而实施诈骗。

当然，除了冒充公检法机关工作人员外，犯罪分子还可能冒充老师、领导、亲友、军警等，务必提高警惕。

（六）虚假征信类诈骗

情形 5-6

如果有人称自己是某金融平台客服，你的信用贷款账户存在违规额度，或不注销可能影响个人征信，要求你按照他们的步骤进行操作，将资金转入一个账户，此时你会？（　　）

A. 怀疑自己征信有问题，配合打款。

B. 一听转账立马挂掉电话。

此时如果你选择了B，那么恭喜你已经掌握了反诈骗的一些精髓了。此外，要注意利用"区号＋座机号码"等固定电话作案，也是虚假征信诈骗的一个典型特征，甄别这些电话号码可以很好地防止被诈骗。

在此类案件中，诈骗分子可能会冒充银行等金融机构或网络贷款平台的工作人员，与受害人建立联系，谎称受害人之前开通的校园贷、助学贷等账号未及时注销，需要注销相关账号；或受害人信用卡、花呗、借呗等信用支付类工具

存在不良记录，需要消除相关记录，否则会严重影响个人征信。随后，以消除不良征信记录、验证流水等为由，诱导受害人在网络贷款平台或互联网金融 APP 进行贷款，并将钱款转到其指定账户，从而实施诈骗。

（七）虚假购物、服务类诈骗

情形 5-7

如果你因工作或学习需要，要购买一台电脑，在浏览比价时，发现一家店标价比别家低很多，于是你好奇地点了进去，与客服聊天之后了解到——对方是电脑厂家内部员工可以打折，但是需要私下支付交易，此时你会?
（　　）

A. 私下支付，坐等收货。

B. 坚持选择在平台交易。

C. 识破是诈骗，转身离去。

如果你选择了 A，接下来对方很有可能会一直不发货，等你

想起电脑未发货时，已经无法与对方取得联系。如果你选择了 B，对方可能会继续劝说直到你接受私下交易，否则不交易。因为在平台上交易，发生问题会有平台追责，所以私下交易很有可能就是一个圈套。C 选项才是最明智的选择。

在此类案件中，犯罪分子一般会在微信群、朋友圈、网购平台或其他网站发布"低价打折""海外代购""0 元购物"等广告，或提供"论文代写""私家侦探""跟踪定位"等特殊服务的广告，以吸引受害人的关注。与受害人取得联系后，会诱导其通过微信、QQ 或其他社交软件添加好友进行商议，以可节约"手续费"或更方便等为由，要求私下转账交易。待受害人付款后，犯罪分子便以缴纳"关税""定金""交易税""手续费"等为由，诱骗受害人继续转账汇款，事后将受害人拉黑。

（八）冒充领导、熟人类诈骗

情形 5-8

你收到高中同学"小明"的 QQ 消息。对方称其表妹出了车祸，急需要 4800 元做手术，请求转账帮忙。此时你会？（　　）

A. 仗义转钱。

B. 先打电话给高中同学核实信息。

QQ 号被盗用的情况十分常见，相信大家也听说过有关案例，不会再上当了。正确的做法就是 B。

除了社交账号被盗的情况外，诈骗分子还会使用受害人领导、熟人或孩子老师的照片、姓名等信息"包装"社交账号，以假冒的身份添加受害人为好友，或将其拉入微信聊天群。随后，对受害人嘘寒问暖，骗取受害人信任。再以有事不方便出面、不方便接听电话等理由要求受害人向指定账户转账，并以时间紧迫等借口不断催促受害人尽快转账，从而实施诈骗。

（九）婚恋、交友类诈骗

案例 5-1

2020 年 2 月，王某在网络上为自己虚构女性身份，通过某交友 APP 结识了受害人潘先生，双方相互添加为微信好友。为引诱潘先生并获取信任，王某用网络搜索的美女照片冒充自己并发送给潘先生，潘先生不知是计，投入了这场"美妙"的微信恋爱。至 2020 年 12 月，王某多次以购买化妆品、电脑、报考舞蹈班等理由，要求潘先生向其微信转账，骗取人民币合计 8 万余元。

在此类案件中，诈骗分子可能会通过网络收集大量"白富美""高富帅"自拍、生活照，按照剧本打造不同的身份形象，然后在婚恋、交友网站发布个人信息。诈骗分子通过社交软件与受害人建立联系后，用照片和预先设计的虚假身份骗取受害人的信任，并长期经营与受害人建立的恋爱关系。随后，以遭遇变故急需用钱、帮助项目资金周转等为由向受害人索要钱财，并根据受害人财力情况不断变换理由要求其转账，直至受害人发觉被骗。婚恋诈骗与其他类型诈骗最大的不同点就在于犯罪分子擅于"以情动人"，他们利用受害人的情感需求，投其所好，导致受害人防不胜防，有的受害人即使明白上当受骗却仍深陷其中不能自拔。

预防这类诈骗，要在网上交友时深入了解对方的个人情况，侧面开展背景调查，多参加对方的社交活动，尽可能多地了解其现实生活中的真实面目。

经过这上述几轮测试，小赵已经晕头转向。当前，信息网络发展得如此迅速，面对层出不穷的网络欺诈手法，我们一定要提高警惕。下面就让我们一起来看看新型网络诈骗手段都有哪些吧。

二、新型网络诈骗手段

（一）利用特种设备诈骗

利用特种设备诈骗大多是选在人流量较大的地点，凌晨作案。诈骗分子通过特种设备自动搜索附近手机号码，利用信号干扰设备将受害者手机网络降级到 2G 网络，并用搜索到的手机号码登录网站或应用，通过"短信嗅探技术"拦截验证码。其后，通过其他网站匹配出银行卡号、身份信息等，在一些平台开通账号并绑定受害人的银行卡，在神不知鬼不觉中进行消费或者套现。

实现这种手段的网络诈骗首先必须要满足一个条件，即需要在 2G 网络下，原因是 2G 网络安全性较低。2G 网络中还没有基站认证技术，伪基站可以向用户发送垃圾短信和骚扰电话，为诈骗提供了便利。随着用户法律意识的提高、相关部门执法力度的增强以及技术水平的提高，利用伪基站发送短信的诈骗方法效率变低；但随着动态验证也就是短信验证码在应用中的普及，诈骗分子逐渐转向短信嗅探技术以获取验证码，2G 网络在手机与信号塔之间使用的是弱加密，使得攻击者较容易拦截用户的短信。将受害者手机网络降到 2G 的信号干扰设备，当前依旧在黑产链中大量售卖，有的谨慎的诈骗分子只做较难被发现的话费套现；当然也有不使用干扰设备的，老年机、电话手表、双卡手机中的 2G 卡以及 3G、4G 信号较差的地区是诈骗分子最先考虑的目标。

（二）语音合成诈骗

用户在进行某些应用验证、接听电话时，有时需要向对方回复"是我，是我"等说明身份信息的话语，这些语音信息是诈骗分子想要收集的作案素材。有了这些素材，诈骗分子就可以通过盗取微信号或者其他 APP 账号，利用录制好的语音，骗取亲友信任并借钱。

相比之下，语言合成是一种技术含量更高的诈骗手段。诈骗分子在获取足够的语音库后，通过 Deep fake 进行深度伪造，AI 语音合成，然后再通过创造特定场景、捏造事实、利用时间差等方式诈骗。

案例 5-2

小美是一名美国留学生，2023 年 10 月的一个白天，小美的母亲接到电话，电话显示是小美的国内号码，"小美"在电话中称自己在南美洲被绑架了，需要 10 万元赎金，否则会被撕票，没说几句就匆匆挂断了。母亲急忙尝试给小美打电话，但是因为有时差，正在休息的小美一开始并未

听到电话。小美的母亲没办法确认真假，于是报了警，警方建议从别的途径再确认一下，万幸的是，最终与小美取得了联系，避免了财产损失。

在本案例中，诈骗分子利用网络上的社交媒体及注册网站信息等锁定小美，因小美与家人存在时差，可能会出现无法及时取得联系等问题，诈骗分子便借机利用改号软件和 AI 语音合成技术，达到欺骗小美家属的目的。跟 AI 换脸视频相比，AI 语音合成在诈骗中其实更难辨别，我们要更加警惕。

（三）利用短视频平台诈骗

案例 5-3

王先生一直有个"网红梦"，他通过网络搜索如何增加粉丝数量时，有一个人发布的信息吸引了他，于是王先生便添加对方为好友。之后对方以一对一授课为由，让其点击链接下载某视频会议 APP。屏幕共享后，对方以"资质

不够，无法获得优质主播名额，需要刷流水验证资质"为由，诱导王先生向对方提供的账户多次转账，共计 4 万元。

在数字技术迅速发展的背景下，短视频以"短、平、快"优势迅速占领高地，并且具有支持用户生产内容（UGC）、算法逻辑"兴趣分发"、内容便于分享等技术加成，加之用户多、受众广、"全民化"特征凸显，使得短视频诈骗更具针对性、广泛性。

在诈骗成本上，诈骗分子仅需智能手机、平板等常见电子设备即可完成诈骗视频制作，并能通过平台精准重复推送给用户，或同时通过多账号、多平台实施"小额多次"倍数扩散诈骗行为。

同时，短视频平台虽然会对用户身份信息进行验证，但验证方式不限于身份证验证，也包括手机号码验证，这就为诈骗分子通过"卡商""码商"等黑灰产方式非法获取平台账号，或以信息技术篡改 IP 地址、虚拟手机号码、频繁更换作案平台等手段，实现身份信息的匿名化进而实施诈骗提供了可能。

「第二节」
如何辨别和避免网络诈骗

电信诈骗案破案成本高、难度大，追回来的受骗金额与未追回的受骗金额相比往往差距较大。这不禁让人思考，在信息通达、互联网科技与日俱新的时代，当网络把双刃剑剑刃向内时，到底会有多么锋利？

一、识别网络诈骗

从上文中我们了解了许多诈骗手段，笔者根据这些诈骗手段，总结了以下识别网络诈骗的三项原则：

不完全信任原则。对待未知的电话、短信等首先要确认对方的身份，一旦发现不对劲，可以报警处理。

谨慎转账原则。在遇到要求私下交易、点击链接支付，以及自称公检法要求汇款、转移资产到安全账户等情形时，谨慎转账。

官方交易原则。在进行闲置品交易、二手转让等交易时，应

选择有保障的平台，对于要求私下交易等行为一律拒绝，因为正规平台授权的商户是交纳过平台店铺保证金的，出现问题平台可以介入解决，并从商户保证金中扣除赔偿。

除此之外，要记住"八个凡是"〔即凡是自称公检法要求汇款的；凡是让你汇款到"安全账户"的；凡是通知中奖、领取补贴要你先交钱的；凡是通知"家属"出事要先汇款的；凡是索要个人和银行卡信息及短信验证码的；凡是让你开通网银接受检查的；凡是自称领导要求打款的；凡是陌生网站（链接）要登记个人信息的〕，提高警惕，将诈骗行为扼杀在摇篮中。

二、提高法律意识和反诈意识

法律意识和反诈意识是个人与社会的保护屏障。在现代社会，

金融交易的复杂性和网络信息时代的匿名性为诈骗、洗钱等犯罪活动提供了可乘之机。因此，强化个人法律意识和反诈意识，不仅是保护个人财产和信息安全的需要，也是维护金融秩序和社会正义的责任。

（一）主动配合金融机构进行身份识别

身份识别是金融活动合规性的起点。有效身份证件的出示，不仅是个人身份的合法证明，更是在法律框架内参与金融交易的基本要求。身份识别机制也是国际社会广泛认可的反洗钱（Anti-Money Laundering，AML）标准的一部分。遵守这一机制，可以有效防范个人被卷入非法金融活动，同时为金融机构提供必要的监管协助。为避免他人盗用身份窃取财富，或进行洗钱等犯罪活动，当在开立账户、购买金融产品，以及以任何方式与金融机构建立业务关系时，需主动配合金融机构出示有效身份证件或身份证明文件。

（二）避免用自己的账户替他人提现

通过各种方式套现是违法犯罪分子最常采用的洗钱手法之一。金融账户的个人化特性，要求严格的账户持有人责任。反洗钱理论指出，个体账户的滥用是洗钱者的常见策略之一。有人受朋友之托或受利益诱惑，使用自己的个人账户（包括银行卡账户、支付宝账户、微信支付账户等）或公司的账户为他人提取现金，这实则是为他人洗钱提供了便利。要确保自己的账户不被他人利用。替他人提现可能会违反反洗钱法律法规，成为经济犯罪链条的一环。

（三）不要出租或出借自己的金融账户、银行卡和U盾

金融工具的安全性是建立在个人使用责任的基础上的。社会学理论中的"责任伦理"强调，个人在享受权利的同时，也要承担相应的社会责任。不出租或出借自己的金融工具是保护个人资产不受侵犯的有效方式，同时也是履行社会成员反洗钱义务的体现。这样可以较好地抑制网络诈骗。金融账户、银行卡和U盾不仅是我们进行金融交易的工具，也是国家进行反洗钱资金监测和经济犯罪案件调查的重要途径。贪官、毒贩、恐怖分子以及其他罪犯都可能利用他人的金融账户、银行卡和U盾进行洗钱和恐怖融资活动，因此不出租、出借金融账户、银行卡和U盾既是对公民权利的保护，更是守法公民应尽的义务。

（四）不要出租或出借自己的身份证件

身份证件是个人法律地位和民事能力的象征。随意出租或出借身份证件可能导致个人法律责任的不当扩展，甚至可能触犯刑法。这种行为不但会使自己陷入不必要的法律纠纷，造成声誉和信用记录受损，甚至会成为他人金融诈骗活动的"替罪羊"。严重时还可能损害国家的金融安全和社会治安。

（五）选择安全可靠的金融机构

合法的金融机构会对客户和自身负责，主动接受监管、履行反洗钱义务，对于客户身份资料和交易信息予以保密。而非法的金融机构则会逃避监管，不仅为犯罪分子和恐怖势力转移资金、清洗"黑钱"，而且无法保障客户身份资料和交易信息的安全性。因此，

我们在选择金融机构时，一定要注意其安全可靠性，切勿一味追求经济利益。

三、身份盗窃和个人信息保护

身份盗窃指的是黑客或诈骗分子获取他人个人信息，然后利用这些信息进行非法活动，如虚假购物、金融诈骗、信用卡盗刷等。为了保护个人及社会安全，我们需要采取有效的措施来预防身份盗窃。

（一）保护个人信息

保护个人信息是预防身份盗窃的首要任务。以下是几种保护个人信息的方法：

谨慎分享。在互联网上，尤其是社交媒体平台上，应避免过度分享个人隐私。有时不法分子会让你下载某软件，或打开某网址；当打开软件或网址后，一方面要关注是否需要手机号码注册，另一方面要注意是否需要访问通讯录。一旦出现上述情况，应提高警惕，必要时可删除该软件或网址。强化隐私设置。了解各种在线平台的隐私设置，并根据个人需求进行设置，确保只有授权人员可以访问个人信息。在必须与陌生人进行视频聊天时，尽量不露脸，以防给不法分子留下可乘之机。谨慎处理文件。妥善保管个人文件和重要文件，包括身份证、护照、银行对账单等。合理销毁不再需要的文件，以防被盗取和滥用。警惕公共场所。在公共场所使用电脑或移动设备时，注意周围环境，避免他人窥屏或窃听个人信息。

（二）加强密码安全

强密码是保护个人账户安全的基础。以下是一些加强密码安全的建议：

复杂性。使用包含字母、数字和特殊符号的复杂密码，避免使用常见的密码，如生日、电话号码等。定期更改。定期更改密码，避免在多个账户上使用同一个密码。多重验证。启用多重验证，例如短信验证码、指纹识别或硬件密钥等。密码管理工具。考虑使用密码管理工具，安全地存储和生成密码。

（三）警惕钓鱼攻击

钓鱼攻击是一种常见的身份盗窃手段。以下是一些防范钓鱼攻击的建议：

警惕电子邮件。谨慎打开陌生人发送的电子邮件，特别是包含附件或链接的邮件，要验证邮件发件人身份的真实性。谨慎点击链接。避免点击可疑的链接，尤其是来源不明的链接，可以将鼠标悬停在链接上查看其真实地址。避免提供个人信息。不要通过电子邮件或短信等方式回复个人信息请求，如银行账户信息、身份证号码等，银行或机构通常不会通过这种方式要求用户提供个人信息。

（四）定期监测信用记录

定期监测信用记录可以帮助个人及时发现身份盗窃行为。以下是一些定期监测信用记录的建议：

定期查看信用报告。定期获取个人信用报告，并仔细检查其中的账户、交易和个人信息是否异常，如果发现异常情况，及时采取行动。监控银行和信用卡账户。经常检查银行和信用卡账户的交易记录，及时发现可疑活动，如果发现未经授权的交易，立即联系银行或信用卡公司报告问题。考虑信用监测服务。一些信用监测服务可以提供实时警报和监测功能，帮助及时发现并应对身份盗窃问题。

（五）养成好习惯

注意保护身份证号、银行卡号、手机号、支付平台账号等私人信息。睡觉前可以关机、设置飞行模式，或关闭手机数据、只连接Wi-Fi。如果发现手机短信收到奇怪的验证码，应立即查看银行卡以及支付应用，如果被盗刷，立即冻结银行卡并报警。遇到微信好友借钱的情况，最好能够通过电话或者视频等方式确认。向不能确定身份的好友转账时，可将到账时间设置成"2 小时到账"或"24 小时到账"，以预留处理时间。养成设置好友备注的习惯，帮助辨别真假好友。

「第三节」

网络诈骗事后处理

一、保持冷静、精准评估损失

在被网络诈骗的攻击波及之后，首要的步骤是保持镇定。我们需要以客观和理性的态度，全面审视损失的程度。这不仅包括对金钱和物质损失的评估，还要考虑个人信息的泄露程度，因为诈骗往往牵涉到身份盗窃的风险。整理一份详尽的损失清单，不仅有助于后续的报警和索赔流程，也有助于个人心理上的接受和处理。

二、迅速行动、警惕再次诈骗

确认损失后，立刻报警。在这一阶段，应避免再次与诈骗分子接触，因为这可能会使你陷入更加深重的骗局中。诈骗分子有时会冒充"救星"，提出假冒的退款或赔偿方案，诱使受害者进一步掉进陷阱。这时候，应保持与警方的沟通，遵循他们的指导至关重要。

三、迅速止损、多方协作

在报告警方之后，必须立即采取行动以减少损失，如果涉及财务信息泄露，要第一时间联系银行或信用卡公司，阻止进一步的非授权交易。同时，要记住联系其他可能受到影响的金融机构，如支付平台和信用评级机构，确保他们了解情况并采取必要的预防措施。

四、搜集证据、详细记录

收集有助于调查和法律诉讼的所有证据至关重要。这包括保存所有形式的通信记录，例如即时消息、电子邮件、短信，以及任何在线交流的屏幕截图。同时，保留所有金融交易的详细记录和收据，这些都是构建案情和追踪诈骗分子的关键线索。

五、明智选择报案地点

在选择报案地点时，考虑到案件性质和诈骗分子的可能位置，可以在自己居住的地方报案，也可以在诈骗分子可能居住的地方报案。无论选择哪个地点，提供的信息越全面，警方就越能迅速而有效地受理和处理案件。

六、坦诚陈述、全面合作

完整而真实的陈述至关重要，出于羞耻或内疚而隐瞒事实只会给破案工作带来障碍。诚实地反映案件的全部情况，将有助于警方利用专业技术手段，快速锁定犯罪者，并且确定最有效的调查路径。公安机关能够利用网络数据和计算机终端的分析，追溯犯罪行为，但这需要受害者的全力配合和详尽信息。

小　结

在本章中，我们分析了传统的网络诈骗手法，还讲到了一些新型网络诈骗手法。对于如何识别和防范网络诈骗，我们认为，最重要的是要提高反诈意识，保护好个人信息，养成良好的上网习惯。尤其是对陌生来电要时刻警惕，对要求转账的行为要非常谨慎。

未来也许会有越来越多的网络诈骗手法出现，这要求我们及时了解并掌握最新的诈骗套路，从而在面对诈骗时能第一时间识破，减少损失。

第六章
Wi-Fi 网络安全

Wi-Fi 为我们提供了便捷的无线连接，使我们能够随时随地访问互联网。然而，随着 Wi-Fi 的广泛普及，网络威胁和风险也在不断增加。黑客和恶意分子正在利用这一便捷性来入侵网络，窃取个人信息、窥探隐私，甚至破坏关键基础设施。

本章将为我们分享 Wi-Fi 网络安全的相关知识，帮助我们建立更加安全的网络环境，以便更好地享受数字世界的便利。接下来就让我们一起探索 Wi-Fi 网络安全的世界，学习如何保护我们的数字生活吧。

「第一节」

悄然进入中国的"神秘"技术

"你家 Wi-Fi 密码是多少？""这家饭店的 Wi-Fi 特别快""连接我手机的无线热点吧"，Wi-Fi 已经成为我们日常生活中不可或缺的一部分，企业、商户、住宅无不安装 Wi-Fi，那么 Wi-Fi 是什么时候开始普及的呢？耳熟能详的 Wi-Fi 具体指什么呢？小宋对此充满疑惑，他开始查阅相关资料，逐步揭开了 Wi-Fi 的"面纱"。

一、Wi-Fi 的普及与发展

Wi-Fi 这个术语经常被误以为是无线保真（Wireless Fidelity），类似历史悠久的音频设备分类——长期高保真或 Hi-Fi。即便是 Wi-Fi 联盟本身也经常在新闻稿和文件中使用"Wireless Fidelity"。而如今，Wi-Fi 一词的意义早已改变。

1999 年，几家富有远见的公司联合组建了一个全球性非营利性协会——无线以太网兼容性联盟（Wireless Ethernet Compatibility Alliance，WECA），其目标是打造一种新的无线网络技术。2000 年，该小组采用术语"Wi-Fi"作为其技术工作的专有名称，并宣布了协会的正式名称——Wi-Fi Alliance。

Wi-Fi 技术于 21 世纪初期首次进入中国。当时，Wi-Fi 技术还比较新颖，但很快就在中国迅速普及。最初，Wi-Fi 主要应用于企业和高校的无线局域网络中，经过十余年的发展，Wi-Fi 技术不仅在商业场所广泛部署，还在家庭中变得普及。

二、Wi-Fi 到底是什么

小宋在查看了 Wi-Fi 的发展历程后，对 Wi-Fi 的具体含义产生了疑问，Wi-Fi 到底是什么呢？于是他找到了公司中的网络工程师小亮，小亮是这样介绍的——Wi-Fi 是一种用于在设备之间进行无线数据传输的技术和标准。

（一）工作原理

Wi-Fi 的工作原理涉及将数据传输为射频信号，这些信号通过无线路由器或接入点发送到设备，然后设备将其解码以获取数据。Wi-Fi 通常基于 IEEE 802.11 系列标准，其中包括 802.11b、802.11g、802.11n、802.11ac 和 802.11ax 等不同版本，每个版本都提供了不同的速度、范围和功能。

（二）使用领域

如今 Wi-Fi 的使用非常广泛，它为人们无线上网、共享文件、流媒体视频和音频、在线游戏等提供了前提条件。Wi-Fi 技术使用无线路由器或接入点来创建一个无线网络，这个网络可以覆盖一定的范围，包括家庭、办公室、咖啡厅、图书馆、机场等诸多场所。它也是许多智能家居设备和物联网设备的连接方式之一，使设备能够在无须物理连接的情况下互相通信。

（三）无线网络来源

家庭或企业路由器。在家庭生活或企业办公环境中，无线网络通常是通过路由器或无线访问点（Access Point）提供的。这些设备将有线互联网连接转换为无线信号，使设备能够通过 Wi-Fi 连接到互联网。

公共 Wi-Fi 提供商。许多公共场所，如咖啡馆、酒店、机场、图书馆等，都有公共 Wi-Fi 网络，以供顾客和访客使用。这些网络通常由场所的管理者或 Wi-Fi 服务提供商提供。

移动运营商。移动运营商提供了蜂窝网络，同时也提供了移动热点和移动 Wi-Fi 服务。许多智能手机和移动设备支持创建个人热点，允许用户共享他们的移动数据连接，以供其他设备连接。

卫星互联网服务提供商。卫星互联网服务提供商使用卫星技术来提供互联网连接，包括无线网络。这对于偏远地区的用户来说是一种重要的互联网接入方式。

「第二节」
公共 Wi-Fi 网络的潜在风险

一、常见风险大揭秘

小亮告诉小宋，使用公共 Wi-Fi 网络时存在一些安全风险，因为网络通常是开放的，任何人都可以连接，而且缺乏相应的安全措施。这些潜在的风险包括：数据泄露与窃取、恶意热点、病毒和恶意软件传播、位置跟踪、网络入侵等。

（一）数据泄露与窃取

黑客可以使用各种技术手段拦截公共 Wi-Fi 网络上的数据传输，包括敏感信息，如登录凭据、银行信息、电子邮件内容等。这种攻击通常被称为"中间人攻击"。攻击者可以在公共 Wi-Fi 网络上执行中间人攻击，拦截数据传输、监视通信甚至篡改数据。这使得用户难以确定他们的通信是否受到保护。

（二）恶意热点

恶意热点，也被称为"恶意无线接入点"或"假热点"，是一种网络安全攻击形式。它指的是一个看似合法的无线网络接入点，但实际上由攻击者创建和控制，目的是欺骗用户连接，以便攻击者能够访问用户的数据或执行其他恶意活动。攻击者可以监视用户的数据传输、拦截敏感信息（如用户名、密码、银行信息）或执行其他恶意操作。

（三）病毒和恶意软件传播

在不安全的公共 Wi-Fi 网络上，我们的设备容易受到病毒和恶意软件的感染。攻击者可以通过这些网络传播恶意软件，然后感染连接到网络的其他设备，其中木马病毒尤为常见。展开来说，一旦成功破解 Wi-Fi 网络，病毒和恶意软件就可以通过多种途径传播。攻击者可能利用感染了的连接设备，通过操纵文件共享或在共享目录中植入恶意文件，感染其他设备。此外，攻击者可能注入修改过的网络数据包，劫持超文本传输协议（HTTP）流量，通过网络流量传播恶意内容。社交工程和钓鱼攻击是另一传播途径，攻击者可能伪装成可信来源，欺骗用户点击恶意链接、提供登录凭证或下载感染文件。一旦成功感染一个设备，攻击者就可以通过设备间的漏洞攻击或利用弱点，迅速在整个网络中传播病毒和恶意软件。为降低风险，用户需采取全面的网络安全措施，包括强密码、定期更新系统和应用程序、网络流量监控，以及提高对潜在威胁的警惕性。

（四）位置跟踪

公共 Wi-Fi 网络可用于跟踪用户的位置，这也意味着用户的行踪可以被不法分子或监控者追踪，从而对个人安全和隐私构成威胁。具体而言，破解 Wi-Fi 后，位置信息可能会通过网络中连接设备的地理定位数据泄露。攻击者可以利用已连接设备的全球定位系统（GPS）信息或 Wi-Fi 信号强度来确定设备的物理位置。此外，通过监控设备连接和移动的模式，攻击者还可以推断出用户的常用位置。

（五）网络入侵

网络入侵是指黑客或未经授权的用户利用网络中的漏洞或安全弱点，侵入并访问计算机系统、网络或其他数字设备的行为。网络入侵可能旨在窃取敏感信息、破坏系统功能或者控制受影响的设备。这种恶意活动会对个人、企业和组织造成严重的损害。

案例 6-1

不到两天时间，小亮收到了 69 笔交易记录，银行账户上的 6 万多元仅剩 500 元，而他的银行卡及保障网银安全的 U 盾、密码等都没有丢失过。经警方调查，这与他曾在公共场所接入过不安全的 Wi-Fi 网络有关，后台数据的泄露造成了他的巨额损失。

案例 6-2

2019 年，一名黑客在国内一家大型度假村的公共 Wi-Fi 网络上创建了虚假的热点，模仿当地的度假村 Wi-Fi 名称。众多游客由于警惕性较弱，大意地连接到这个黑客所设置的虚假热点，黑客成功窃取了他们的登录凭证、个人信息、账户密码等，导致许多游客的移动应用程序、银行账户等受到损失。

【小贴士】常见的个人敏感信息

用户名和密码。包括用于登录在线账户、电子邮件、社交媒体、银行和其他网站的用户名和密码。

信用卡信息。包括信用卡号码、过期日期和安全码等信息。

个人身份信息。包括姓名、地址、社会安全号码、出生日期等。

医疗记录。包括医疗历史、处方药信息、医生联系信息等。

敏感电子邮件和通信。包括私人电子邮件、短信、即时消息，以及可能包含私人对话、工作信息的其他通信等。

财务信息。包括银行账单、投资信息、税务文件等。

法律文件。包括法律合同、法律咨询和其他法律相关材料。

社交安全问题答案。这些答案通常用于找回密码或安全验证。

照片和视频。

位置信息。

二、登录密码与管理密码大不相同

小宋在登录公司 Wi-Fi 时遇到问题，小亮通过管理密码进入了路由器的管理界面，对相应设置进行了调整。这令小宋感到疑惑——登录密码和管理密码不一样吗？让我们看看小亮的回答。

Wi-Fi 的登录密码，通常指的是连接到 Wi-Fi 网络所需的密码，也称为网络密码或 WPA/WPA2 密钥。这个密码被用于验证并加密在设备（如电脑、智能手机、平板电脑）与 Wi-Fi 路由器之间传输的数据，以确保只有授权用户能够访问网络。

Wi-Fi 的管理密码，通常指的是用于访问 Wi-Fi 路由器管理界面的密码。路由器管理界面是一个 Web 页面，允许我们配置和管理路由器的各种设置，包括网络设置、安全设置、端口转发等。管理密码用于确保只有授权用户能够更改这些设置，以维护网络的安全性。

这两个密码通常是不同的，因为它们提供了对网络不同方面的不同级别的访问权限。登录 Wi-Fi 网络需要知道登录密码，而更改路由器设置则需要知道管理密码。登录密码的泄露会造成未经授权的访问、拖慢网络、隐私泄露等情况；而管理密码的泄露则会造成未经授权的配置更改、网络服务的中断，甚至是网络设备控制权的丧失。

小宋这才明白，原来登录密码和管理密码不仅有如此大的区别，而且被破解后的危害也是令人震惊的。

「第三节」
Wi-Fi 网络风险的规避与路由器的配置

周末到了，小宋和小亮结伴到商场购物，小宋的手机自动连接上了一个公共 Wi-Fi，而后手机开始推送垃圾邮件，小亮立刻让其断开该 Wi-Fi 连接。

Wi-Fi 网络存在多种潜在的风险，会对个人隐私和数据安全构成威胁。Wi-Fi 的保护访问是通过采用强密码、启用最新的安全协议如 WPA3[1]、定期更改密码、隐藏服务集标识（SSID）[2]、启用媒体存取控制（MAC）地址过滤、更新路由器固件、启用防火墙、使用虚拟专用网络等综合措施，以确保无线网络的安全性，防范未经授权的访问、数据泄露和窃取风险，为用户提供可靠的连接环境。

---

[1] WPA3，全名为 Wi-Fi Protected Access 3，是 Wi-Fi 联盟组织于 2018 年 1 月 8 日在美国拉斯维加斯的国际消费电子展（CES）上发布的 Wi-Fi 新加密协议。

[2] 服务集标识（Service Set Identifier，SSID），一个用来唯一标识无线局域网的名称。当你搜索可用的无线网络时，看到的每个网络名称就是一个 SSID。它允许设备区分不同的无线网络。

一、Wi-Fi 网络风险的规避手段

对于如何规避 Wi-Fi 网络风险，小宋很感兴趣，于是立刻上网查阅资料，总结出了规避 Wi-Fi 网络风险的常见手段。

（一）公共 Wi-Fi 网络

使用虚拟专用网络。通过使用虚拟专用网络，我们可以加密数据流量，使其更难以被拦截。虚拟专用网络可以提供额外的安全性，保护我们的隐私。

避免处理敏感信息。尽量避免在公共 Wi-Fi 网络上进行敏感交易，如在线银行或购物。如果需要进行此类操作，最好使用移动数据或其他安全网络连接。

更新设备和应用程序。确保我们的设备和应用程序都是最新版本，以减少已知漏洞的风险。

将设备配置为"不自动连接到开放的 Wi-Fi 网络"。这可以帮助我们更好地控制何时连接到公共 Wi-Fi，亦可以设置为"每次连接时需询问"。

关闭文件共享。确保设备上的文件和资源共享功能在连接到公共 Wi-Fi 网络时已关闭，以防止未经授权的访问。

监控设备活动。定期检查设备活动，以及时发现任何异常或可疑的网络活动。常见的异常或可疑的网络活动包括：异常网络流量、不明进程或应用程序、频繁的系统崩溃或冻结、异常的系统登

录活动、意外的文件变化或删除、未经授权的访问或分享、异常的系统资源使用、安全软件报警、异常的网络连接等。

公共 Wi-Fi 安全性检查。在连接到公共 Wi-Fi 网络之前，尽量了解网络的名称和正规性。避免连接到未知或疑似恶意的网络。确保我们的设备连接到最强的 Wi-Fi 信号。虚假热点通常信号较弱，因为它们不是合法网络的一部分。如果可能的话，连接到使用 WPA2 或更高级别加密的网络，因为虚假热点通常不会提供加密。

（二）私人 Wi-Fi 网络

不同群体可以采取特定的措施来增加无线网络安全能力，以应对各自的需求和威胁。以下是针对不同群体增加无线网络安全能力的方法。

1. 个人用户

（1）隐藏服务集标识

隐藏无线网络的服务集标识是一种安全措施，可以增加网络的安全性。首先，登录到路由器或访问点的管理界面，通常通过浏览器输入路由器的 IP 地址进行访问。其次，在管理界面中，找到与服务集标识相关的设置选项。启用服务集标识隐藏后，我们的无线网络名称将不会被展示，使其在无线网络列表中不可见。用户必须手动输入正确的服务集标识才能连接到网络。

请注意，隐藏无线网络的服务集标识并不是一种绝对的安全措施，我们还应该采取以下安全步骤来保护我们的无线网络。

（2）启用媒体存取控制地址过滤

首先，登录到路由器或访问点的管理界面，同样通常通过浏览器输入路由器的 IP 地址进行访问。其次，在管理界面中，找到与媒体存取控制地址过滤相关的设置选项。启用媒体存取控制地址过滤后，我们需要手动添加允许连接的设备的媒体存取控制地址到过滤列表中，这样只有列入白名单的设备才能访问我们的无线网络。

请注意，媒体存取控制地址过滤也不是绝对的安全措施，因为媒体存取控制地址可以被伪造。那么，如何最大限度地加强个人 Wi-Fi 的安全性呢？

使用强密码。个人用户应确保他们的 Wi-Fi 网络使用强密码，并定期更改密码。确保 Wi-Fi 网络密码足够复杂，包括字母、数字和特殊字符，避免使用容易猜测的密码，如生日或常见单词。启用 WPA3。使用最新的 Wi-Fi 加密标准（如 WPA3）来保护网络。多重验证。启用多重验证，增加账户的安全性（例如，"用户名和密码 + 动态验证码"，即除了需要提供常规的用户名和密码外，同时还需要通过手机应用或硬件令牌生成的动态验证码进行身份验证。这使得攻击者更难以获得足够的信息来非法访问网络）。定期更新设备。要确保我们的设备（如电脑、智能手机、路由器）都运行最新的操作系统和应用程序。定期检查路由器制造商的网站，以及时进行路由器固件更新，这些更新通常包含安全修复和性能改进。

2. 企业用户

企业级防火墙及入侵检测系统／入侵防御系统（IDS/IPS）。使用企业级防火墙来监视和过滤网络流量，以保护网络免受威胁。使用入侵检测系统和入侵防御系统来检测和阻止入侵尝试。

网络访问控制。使用网络访问控制列表（ACL）来限制谁可以连接到企业网络。员工培训。提供网络安全培训，以帮助员工识别威胁。网络审计。定期进行网络审计，以检查和修复潜在的安全问题。多重验证。启用多重验证，以加强访问控制。安全团队。配备专业的网络安全团队，负责监视和应对威胁。合规性。遵守相关的法规和合规性要求，以保护敏感信息。

案例 6-3

在 2022 年的 3·15 晚会上，央视曝光了免费 Wi-Fi APP 背后存在的隐患。一些免费 Wi-Fi APP 会诱导用户下载其他应用程序、点击广告，或不断推送弹窗影响手机操作。3·15 信息安全实验室对免费 Wi-Fi 应用程序进行了测试，测试人员发现，所有罗列的 Wi-Fi 链接，没有一个能连上。而在测试之后，两个陌生的应用程序正在自动下载到手机里。测试人员发现，连接 Wi-Fi 时需要点击的"确认"及"打开"字样的弹窗，都是伪装的广告链接。一旦用户被诱导点击，没有任何提示，广告链接中的应用程序就会自动安装到手机里。

工程师进一步测试发现，这类免费 Wi-Fi 的应用程序还在后台大量收集用户信息。比如，一款叫"雷达 Wi-Fi"的应用程序，一天之内收集测试手机的位置信息高达 67899 次。此外，这些应用程序还拥有自启动功能，即便用户清理了后台，也会自动启动并在后台收集用户信息。另外，当用户安装了这些应用程序后，手机还会自动弹出广告，用户不看够 5 秒钟关不掉广告。

二、如何配置安全的 Wi-Fi 路由器

在了解了以上知识后，小明开始对着公司角落里的"小盒子"——路由器发起了呆……

（一）路由器是什么

无线路由器（Wireless Router）是一种网络设备，通常用于建立无线局域网络（Wireless Local Area Network，WLAN）和有线局域网络（Local Area Network，LAN）。无线路由器通常是家庭和小型办公室网络的核心设备，可以使多个设备无线连接到互联网，同时提供有线连接选项。无线路由器在连接、分享和保护互联网访问方面起着至关重要的作用，因此在选择无线路由器时，需要考虑安全性、性能和功能的因素。

（二）如何选择合适的无线路由器

选择适合我们需求的无线路由器是关键，因为它将影响我们的网络性能和安全性。

到底怎么选择无线路由器，小宋总结了以下关键因素：确定覆盖范围、考虑互联网连接速度和 Wi-Fi 标准支持；了解 2.4GHz 和 5GHz 频段的利弊；确保最新的安全标准和功能；考虑使用双频或三频路由器，以提高性能和覆盖范围；检查是否有质量服务（QoS）支持，以优化网络流量管理；考虑是否需要 USB 端口用于共享设备；确保管理界面易用，根据预算选择适当的路由器；关注信誉良好的品牌和用户评价，选择能够满足未来需求的路由器，以及确保获得良好的技术支持和更新。

（三）安全配置无线路由器的步骤

小宋对路由器的了解逐步深入，他将配置路由器的要点和步骤做成了小手册，发放给了同事。具体如下：

第一步：完成准备工作，选择一个中心位置安装路由器，尽量避开墙壁和金属物体，以减少信号干扰，并覆盖更广的区域。

第二步：连接到路由器。

第三步：访问管理界面。打开 Web 浏览器，通过输入路由器的 IP 地址（通常是 192.168.1.1 或 192.168.0.1）来访问路由器的管理界面。输入默认的管理员用户名和密码（通常是"admin"和"admin"或"admin"和"password"）。

第四步：更改默认管理员凭据。在管理界面中，找到"管理员凭据"或"账户设置"，更改默认的管理员用户名和密码，创建一个强密码。

第五步：更新路由器固件。查找路由器固件更新选项，下载并安装最新的固件。这通常可以在管理界面中的"固件升级"或"固件更新"部分找到。

第六步：配置 Wi-Fi 网络。配置我们的 Wi-Fi 网络名称(SSID)和密码。选择 WPA3 或 WPA2 加密，并创建一个强密码。

第七步：启用防火墙。查找并启用路由器内置的防火墙功能。该功能通常可以在"安全性设置"或"高级设置"中找到。

第八步：创建访客网络。如果需要，创建一个访客网络，使访客能够连接到独立的网络。这可以在"访客网络"或"网络设置"中找到。

第九步：定期备份设置。定期备份路由器的设置，以便在需要时可以快速恢复。这可以在管理界面的"备份和还原"或"设置管理"中找到。

小　结

在本章中，我们从 Wi-Fi 的普及讲起，探讨了 Wi-Fi 网络安全的重要性，分析了 Wi-Fi 技术的基本工作原理，阐述了无线网络入侵、数据泄露和身份盗窃等各种风险，以及如何采取措施来应对这些威胁。与此同时，我们还将无线路由器的选择、配置步骤等进行了简要介绍。

随着技术的发展，安全标准和威胁也在不断变化，因此及时了解并采纳最新的安全措施至关重要。保护 Wi-Fi 安全不仅是个人的责任，也是组织、企业在数字时代的基本要求。在确保网络连接的便利性和可靠性的同时，维护用户、企业、组织的隐私和敏感信息的安全，亦是十分必要的。

第 七 章
数据泄露和隐私保护

在当今数字化的浪潮中，信息的流动变得如此自由而迅速，仿佛一场无边无际的潮水席卷而来。我们置身于一个连接世界的巨大网络中，数据的交换、传输在我们生活的方方面面不可或缺。然而，正是在这个信息大量交汇的时代，一系列潜在的网络安全风险也逐渐显现，其中较为突出的就是数据泄露与隐私保护问题。

数据泄露，如同一场无声的风暴，可以在不经意间席卷走我们

的个人隐私。这并非仅仅是一场数字的灾难，更是对个体权利的侵犯、对隐私边界的践踏。在这个数字时代，我们的生活越来越依赖于互联网，而数据泄露的威胁也愈演愈烈。个人的身份信息、财务记录、健康状况等隐私信息，都可能成为不法分子觊觎的目标，一旦泄露，往往会造成不可估量

的风险和损失。

如何在信息自由流动的同时保护好个人隐私、营造安全的网络环境，已然成为我们必须直面的课题。

在本章中，我们将会追随小周的足迹，穿越在信息的迷雾中。小周并非虚构的人物，而是一个普通人，一个数字时代的行者。通过小周的故事，我们将探讨数据泄露的危害和影响，深入了解隐私保护的重要性，以及在这个数字时代如何更好地保护个人隐私。让我们共同踏上这场数据泄露与隐私保护之旅，深入了解数字时代背后的隐秘角落。

「第一节」

数据泄露的危害和影响

你是否还记得 2022 年某打车平台发生的大规模数据窃取事件？据报道，该平台非法收集了手机用户相册中的截图信息 1196.39 万条、人脸识别信息 1.07 亿条、年龄段信息 5350.92 万条、职业信息 1633.56 万条、亲情关系信息 138.29 万条、"家"和"公司"打车地址信息 1.53 亿条等。这不仅仅是个体信息的泄露，更涉及国家的交通出行数据和地理信息的外流。

数据泄露指的是未经授权或无意间将敏感信息（如个人身份信息、财务信息、健康记录等）暴露给其他人或公众。这种情况并非局限于

特定环境，从家庭网络到企业网络再到公共网络，都可能成为潜在攻击目标。

那么数据泄露有可能导致哪些后果呢？

经济损失。如果个人的银行账户或信用卡信息被黑客获取，可能直接导致经济损失。不法分子有可能利用这些信息进行欺诈活动，给个人的财务安全带来威胁。

身份盗窃。通过获得足够的个人信息，攻击者可以冒充受害者进行各种活动，包括贷款申请、商品购买等。这可能对个人的信用记录产生长期影响。

信誉破裂。对于企业用户而言，数据泄露可能导致客户对公司的信任丧失，甚至引发法律诉讼。对于个人用户而言，被盗用的社交媒体账号也可能被用来发布恶意内容，损害个人的在线形象。

人身安全隐患。在极端情况下，泄露的信息可能导致个体的身体安全受到威胁。例如，住址信息泄露可能会使自身遭遇盗窃、抢劫等犯罪活动。

……

因此，我们必须认识到网络环境并非绝对安全，应采取适当措施防止个人信息权益遭受侵害。接下来我们将详细介绍如何通过多种方式提高网络安全防范能力。

隐私安全之道

一、多重认证，化解密码安全风险

在我们讨论如何提高网络安全防范能力时，多重验证是一个不可忽视的工具。它要求用户通过两个或更多的身份验证方式来证明自己的身份。

一天，小周在登录他的电子邮件账户时，开启了一场不同寻常的验证之旅。他输入了熟悉的用户名和密码，却发现系统要求他通过额外的身份验证方式来确保安全。这时，一条短信提示划过屏幕，伴随着系统发送的验证码。小周记起，注册时填写的手机号码成为这场验证的关键因素。

想象一下，如若小周的用户名与密码遭受泄露，不法分子得不到实时的短信验证码，依然无法窃取小周的任何信息，其隐私就可得到极好的保护。这正是多重验证的威力，该工具在这一刻展现了它的神奇之处。

在这个场景中，小周体验到了多重验证的安全与可靠。与传统的用户名密码登录相比，多重验证增加了一层额外的安全保障，让不法分子望而生畏。这不仅仅是数字的交互，更是一场关乎个人隐私和安全的卫士之旅。

（一）使用多重验证的意义

即使我们设置了复杂且难以猜测的密码，也无法保证账户安全。黑客可能通过各种手段获取密码——比如钓鱼攻击、键盘记录器等。此外，在许多情况下，人们会在不同网站上使用相同或者类似的密码，如果其中一个网站发生数据泄露事件，则其他所有使用相同登录密码的账户都将处于风险之中。但是如果启用了多重验证，则需要另外一层或更多层次验证才能访问账户，这大大增加了黑客入侵账号所需付出的努力和时间。

（二）实现多重验证的方式

大部分在线服务（如微信、支付宝、QQ）已经提供了多重验证选项。通常情况下：

1. 在设置 / 安全设置中找到"两步验证""二次验证"或"多重验证"的选项并开启它。

2. 设置第二种验证方式，常见的有接收短信验证码、使用验证应用生成的一次性密码或生物特征识别等。

3. 按照提示操作即可。

总之，虽然多重验证可能会稍微增加登录过程中的复杂度，但这点"小麻烦"对于保护个人信息和财产安全而言绝对值得。

案例 7-1

　　小明是一位经常使用社交媒体的用户，他热衷于分享生活和与朋友互动。一天，他收到一条陌生人通过社交媒体发来的消息，声称是一位旧友，并邀请小明点击一个链接以查看共同的照片。出于信任，小明不加思索地点击了链接，因页面显示为某熟悉网站，便输入了自己的账号和密码。过了一会儿，他收到一条短信及验证码，短信内容警告账号正在异地登录，强调谨慎输入验证码。这时小明意识到自己可能遇到了钓鱼网站，他开始警觉起来，怀疑好友的账号可能被盗。

　　如果小明在面对这次社交工程攻击时没有及时启用多重验证，可能会导致严重的后果。首先，他的社交媒体账户可能被攻击者掌

控，攻击者可以恶意篡改个人信息、发布虚假言论，损害小明的社交媒体形象。此外，攻击者通过社交媒体账户获取的更多个人信息，例如私信和朋友列表，将扩大隐私泄露的风险。在这种情况下，小明不仅会面临个人隐私的泄露，还可能受到社交和心理层面的伤害。为了避免类似的意外，我们在生活中可以采取一些措施来保护个人隐私。其中，关键的一项就是启用多重验证。在小明的案例中，多重验证通过发送异地登录的短信及验证码，阻止了攻击者对账户的未授权访问，大大提高了账户安全性。因此，在使用社交媒体等在线服务时，我们应当考虑启用多重验证，以便在账户受到威胁时能够及时防范，保护个人隐私安全。

二、匿名邮箱，逃离社工监控之网

在小周的生活中，电子邮件是他与同事、朋友沟通的纽带，但随之而来的是对个人信息泄露的担忧。小周逐渐关注到网络上的种种风险，尤其是电子邮件地址可能成为攻击者窃取个人信息的目标。他意识到，保护自己的电子邮件隐私至关重要，而匿名邮箱服务就成了他的得力助手。小周深知，匿名邮箱服务可以在不暴露任

何个人信息的情况下，甚至只提供少量信息的情况下，创建新的电子邮件账户。这让他感到安心，因为即使黑客或其他恶意第三方获取了他使用该服务创建的邮箱地址，却依然无法通过它获取更多关于他真实身份的信息。

（一）使用匿名邮箱的意义

首先，当前大部分在线交互都需要提供有效电子邮件地址进行注册和验证，这其中存在一些潜在风险。例如，垃圾邮件、钓鱼攻击甚至社交工程等手段都可以利用公开可见或被泄露出来的电子邮件地址对我们造成伤害。

其次，在某些情况下，我们可能希望保持网络行动（如参与在线论坛讨论、签署电子请愿书或网上购物）的相对隐秘性，这时使用匿名邮箱可以帮助我们在享受这些服务的同时，保护自己免于不必要的骚扰和风险。

（二）创建使用匿名邮箱流程

创建匿名邮箱的步骤适用于众多提供匿名邮件服务的网站和应用。以某匿名邮箱服务为例，介绍一般的注册流程：

1. 访问匿名邮箱服务网站。在浏览器中输入服务网站地址并按下回车键。

2. 创建新账户。点击主页上的注册按钮，选择适合需求的套餐，包括免费和付费选项，然后进行确认。

3. 设置用户名和密码。在随后的页面中，输入作为电子邮件地址的用户名，设置一个较强的密码，并再次确认密码。

4. 完成可选设置。如果需要，可添加恢复邮箱地址或手机号码，以方便找回账号。需注意，这可能会弱化匿名性。此外，也可以选择开启多重验证以增强安全性。

5. 阅读并同意服务条款。滚动至页面底部，阅读并勾选表示同意用户协议和隐私政策，随后点击确认注册。

6. 验证人类身份。按照提示进行简单的操作，以验证非机器人身份，例如解决数学问题或提供手机验证码。

7. 登录并开始使用。完成上述步骤后，即可使用新创建的匿名邮箱地址进行邮件的发送和接收。

注意，尽管某些服务可以提供相对较高的隐私保护，但任何在线服务都无法百分之百地保证匿名性或安全性。因此，在使用这类服务时，仍需保持谨慎，并遵守相关法律法规。

总的来说，虽然使用匿名邮箱服务无法阻止所有形式的网络攻击，但可以大幅度减少个人信息被非法获取和利用的可能性，并有效地提高自身网络安全防范能力。

案例 7-2

> 小明是一位经常参与在线论坛和社交平台的用户，他喜欢在网络上留下自己的看法和交流观点。一天，小明在某讨论板块中发现了一个引人注目的话题，他决定参与并留下自己的评论。不久后，他开始收到一些陌生的电子邮件，内容涉及未知的广告和奖品。

在上述案例中，如果小明未使用匿名邮箱，他可能会面临严重的后果。首先，他的电子邮箱可能被不法分子收集，并被用于发送更多的垃圾邮件，导致他的正常邮件可能被淹没于垃圾邮件中。其次，小明的个人信息可能会被滥用，如通过电子邮件中的链接进行网络钓鱼攻击，使得他的隐私面临更大的威胁。而如果小明使用了匿名邮箱服务，则能够成功地减少电子邮箱地址被滥用的风险。

三、加密通话，免遭手机窃听危机

手机是小周与外界联系的必备工具，他每天都在这一工具的帮助下与同事、朋友保持紧密的联系，分享工作中的点滴和生活的琐事。然而，小周逐渐关注到一个问题：通信工具可能成为泄露个人信息的潜在渠道。对话的内容、个人隐私都可能在不经意间被第三方监听或记录。这种意识让小周开始寻找一种解决方案，以确保他的通信安全。

在小周的故事中，加密通话变成了他采取的关键举措。无论是与同事商讨敏感项目，还是与亲友分享个人隐私，加密通话都为他提供了一层额外的安全保障。这种加密技术的应用，使得小周能够自如地进行通信，而不必担心信息被不法之徒窥探。

（一）为什么需要使用加密通话

在未加密的情况下进行电话或者在线聊天等活动时，你发送出去的所有信息都是以明文形式存在。这意味着任何有能力并且知道如何截取这些数据包的人（如黑客）都可以轻易地获取到传输过程中产生的敏感信息。随着科技的发展及互联网的普及，我们越来越依赖于各种在线服务进行交流与合作；但同时也将自己置于更大范围的潜在风险之中。因此，在进行语音、视频甚至文本聊天时启用端到端加密功能（E2EE），将有效保护个人隐私及信息安全。

（二）如何实现加密通话

1. 选择一个支持端到端加密功能的应用程序。市面上有很多支持端到端加密功能并受到用户欢迎的应用程序，这些应用默认情况下会开启端到端加密功能。

2. 开始进行安全聊天。打开所选应用程序，并找到你与私人聊天对象之间创建新会话或继续现有会话的选项。请注意，在某些应用中，你可能需要手动设置每个单独聊天以使用端到端加密功能。

3. 验证联系人身份。在首次使用端到端加密功能进行聊天时，你可能需要验证对方的身份。这通常涉及比较你和联系人设备上显示的一串代码或二维码，以确保没有第三方在会话中。

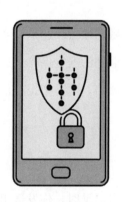

4. 开始加密通话。完成以上步骤后，就可以安全地进行语音、视频甚至文本聊天了。只要保持应用程序更新，并定期检查设置，以确保端到端加密功能仍处于启用状态，就可以享受到加密通话带来的隐私保护。

总之，在日常生活中，通过选择正确的工具并采取适当措施，我们完全可以提高自己的网络安全防范能力，并有效地避免手机窃听危机。

案例 7-3

小明是一名商务人士，经常通过手机进行重要商务谈判和敏感信息的传递。一天，他接到了一通看似正常的商

务电话，对方声称是一家潜在合作伙伴。在电话中，对方
突然提及了一些小明之前私下商谈的敏感信息，让小明
感到非常惊讶和担忧。他开始怀疑自己的手机通话遭到
了窃听，可能有人在未经授权的情况下获取了他的商业
机密。

在这种情况下，小明如果不采取适当的加密通话措施，后果
可能不堪设想。未经加密的电话通话容易被黑客或不法分子截
取，不仅会导致商业机密等敏感信息泄露，还可能带来法律纠纷
和商业信誉的双重打击。通过使用端到端加密功能，小明则可以
避免这一风险。选择支持端到端加密功能的应用程序，可以确保
通话内容在传输的过程中得到有效的加密。这意味着即使有人截
取了通话数据包，也无法解密其中的内容。这种技术可以提供安
全的通信环境，确保商业谈判和机密信息不会落入未经授权的人
手中。

四、关闭同步，清除网上滞留痕迹

小周熬夜在个人电脑上浏览了一些网站，搜索了几个自己感
兴趣的商品。隔天，他惊讶地发现这些网站的商品广告竟然出现
在其他设备（手机、平板电脑）上。他陷入了思考：这是如何发生
的呢？

这一神奇的现象就源于数据同步的便利特性。小周在一台设备
上的浏览历史、购物车内容，甚至密码，都可以通过数据同步在

他的多个设备之间传递。这在日常生活中给我们带来了便利，使得信息跨设备共享成为可能。然而，小周也留意到了这一便利背后可能存在的风险。数据同步功能如果没有得到正确的管理和使用，就可能成为隐私泄露的潜在风险点。

（一）为什么需要关闭数据同步

首先，数据同步意味着你的信息会存储在云端服务器中，并且可能会被第三方公司访问和分析。虽然大部分公司承诺会尊重用户隐私并采取措施保护用户数据安全，但无法保证他们永远不会遭受黑客攻击或内部错误导致数据泄露。

其次，如果其中一个设备丢失或被盗，那么其他设备所有同步的信息都可能落入他人手中。尤其是如果你没有设置设备锁屏密码或者使用了易被猜解的密码，那么风险就更大了。

（二）如何关闭数据同步

不同服务和设备关闭数据同步的方法可能会有所不同，但一般来说，可以在设置菜单中找到相关选项。以某互联网账户为例：

1. 打开浏览器并登录你的互联网账户。

2. 点击右上角的头像或首字母图标，然后点击"管理您的互联网账户"。

3. 在新页面左侧导航栏选择"数据与个性化"。

4. 向下滚动至"活动控制",这里列出了所有可进行同步的活动类型(如网页和应用活动、位置历史)。

5. 选择你想要停止同步的项目,并将旁边滑块切换至灰色/关闭状态。

请注意,在某些情况下,完全禁用所有数据同步可能会影响某些功能(如跨设备查看购物车或保存进度)。因此,请确保理解每个选项的具体含义,并根据自己的需求作出适当调整。

案例 7-4

小明经常在不同设备上处理个人和工作事务。他习惯使用云同步服务,以确保联系人、日历、密码和浏览器书签等信息能够在手机、平板和电脑之间同步。一天,他注意到在使用家庭电脑浏览某个网站后,同一网站的广告开始在他的手机和平板上频繁出现。他开始感到困扰,担心他的个人信息可能因为数据同步而被泄露。

在这种情况下,小明可能因开启了数据同步功能而面临隐私泄露的风险。为了降低隐私泄露的风险,可以考虑关闭不必要的数据同步功能,减少网络身份足迹,并提高隐私安全。这样做虽然可能会牺牲一些便利性,但对于保护个人信息和防止数据泄露来说,是值得的。他可以按照相关服务的设置,选择性地关闭一些同步项目,以减少在云端存储的个人信息,从而提高网络安全性和隐私保护水平。

五、虚拟通道，化解公共安全之痛

小周，热衷于在咖啡馆工作，经常利用免费的 Wi-Fi 网络进行工作和学习。一天，当他在咖啡馆连接 Wi-Fi 时，不禁思考：这个开放的网络真的安全吗？

小周的疑虑并非无端，因为在这些公共场所的开放网络中，个人信息和数据很容易成为恶意攻击者的目标。了解到这一点后，小周开始寻找方法来维护自己的网络安全。这时，他了解到一些有效的保护措施，包括修改媒体存取控制地址、改变 IP 地址，以及建立虚拟私人通道。这些措施能够在一定程度上防止恶意攻击者窃取他的个人信息。

修改媒体存取控制地址。每台联网设备都有唯一的物理地址——媒体存取控制地址。黑客可以通过监听网络流量获取到这个地址，并据此进行定向攻击。但如果我们修改了设备的媒体存取控制地址，则原本的身份标识就被隐藏起来，从而增加了攻击者确定目标的难度。大部分现代操作系统都提供了修改媒体存取控制地址的选项。在 Windows 中，可以通过设备管理器找到网络适配器属性并更改其物理地址；在 MacOS 和 Linux 中，则可以通过终端命令实现。

改变 IP 地址。IP 地址是互联网上用于定位设备位置和身份的数字标签。通过改变它（如使用虚拟专用网络或代理服务器），我们不仅能够隐藏真实地理位置，还能避免被跨站点追踪器追踪在线活动。最常见且简单的方法就是使用虚拟专用网络服务。中国用户需按照《国际通信出入口局管理办法》相关规定，合法使用虚拟专用网络。

建立虚拟私人通道。当我们连接到互联网时，所有传输数据默认情况下都是明文，容易被第三方窥探或者篡改。但如果我们建立了一个虚拟私人通道（如使用虚拟专用网络），则所有数据都将被加密，从而保证传输过程的安全性。虚拟专用网络也能够帮助我们创建一个虚拟私人通道，以加密所有网络活动。另外一种方法是使用 Tor 浏览器，它会自动为所有请求建立一个经过多重跳转和加密处理的通道。

案例 7-5

　　小明在大型商场、机场等公众场所活动频繁。一天，他在商场使用 Wi-Fi 进行网上银行操作时，突然收到了一条奇怪的短信，内容涉及他的银行账户信息。小明感到非常震惊和担忧，开始怀疑自己的个人信息可能在使用公共 Wi-Fi 网络时遭到了隐私泄露。

六、社交网络时代的信息安全

小周热衷于利用社交媒体与朋友分享自己的生活点滴，他在微博、微信及抖音等平台上频繁活跃，享受着与他人保持联系的便利。与此同时，小周也在思考一个问题：我们在追求社交媒体带来的

便利和乐趣时，是否也在不经意间泄露了自己的个人信息？

（一）为什么要保护自己在社交网络上的隐私和数据安全

防止身份盗窃。如果用户在网络上公开过多个人信息（如出生日期、家庭地址），黑客可能会利用这些信息进行身份盗窃，并据此实施诈骗或者其他犯罪行为。

保护职业形象。很多雇主会查看求职者的社交媒体账户，以评估其品性和适应度。因此，不恰当或具有争议性质的内容可能会不利于求职者找工作甚至升迁。

避免被定向广告打扰。许多社交媒体平台会根据用户的浏览历史和喜好推送定向广告。虽然这在一定程度上可以提供个性化服务，但也可能侵犯到用户的隐私权。

（二）如何保护自己在社交网络上的信息安全

谨慎分享个人信息。尽量避免公开过多敏感信息，例如身份

证号、银行账户、家庭地址等。此外，对于非必要情况下请求这些信息的网站或者应用，应持怀疑态度并谨慎处理。

设置隐私权限。大部分社交媒体都提供了详细的隐私设置选项，包括谁可以看到你的帖子、是否允许被搜索，以及如何处理好友请求。定期检查和更新这些设置能够有效地控制我们的数据被哪些人获取和使用。

使用强密码和启用多重验证。为每一个社交媒体账户设立唯一且复杂度高的密码，并启动多重验证（如果平台提供该功能），可以增加黑客攻击成功所需付出的努力和时间。

小心链接和附件。不要轻易点击来历不明或者可疑链接，也不要下载未知来源邮件中的附带文件。它们可能会导致恶意软件入侵我们的设备，从而窃取个人数据。

限制第三方应用访问权限。很多社交媒体平台允许第三方应用获取用户数据以提供服务。在授权这些应用访问我们的信息之前，一定要了解它们将如何使用和保护这些数据。

谨慎处理社交工程攻击。黑客可能会冒充我们认识的人或者信任的机构来骗取个人信息。对于请求敏感信息或者引导点击链接等可疑行为，需要保持警惕并进行核实。

利用匿名浏览功能。很多浏览器都提供"隐私模式"或"无痕模式"，可以防止网站追踪我们的在线活动记录。虽然不能完全防止所有形式的跟踪，但至少能够减少部分广告商和网站收集到的数据。

定期检查账户活动。如果发现有未经授权就更改设置、发布内容等异常行为，那么可能是账户已经被盗号。此时应立即修改密码，并通过其他方式（例如电子邮件）通知社交媒体平台。

在享受社交网络带来便利与乐趣的同时，我们也必须意识到其中存在着各种安全风险，并采取适当措施以确保个人信息安全。信息安全并不仅仅是技术问题，更多地是一种态度和行为习惯。每个人都需要对自己的数据负责，并采取积极措施保护自己免受网络攻击或者减少隐私泄露等风险。

案例 7-6

　　小明是一名经常使用社交媒体的大学生，他在某平台上分享着自己的生活瞬间，并时常与同学和朋友互动。一天，他收到一条来自"学校官方社交媒体团队"的消息，对方声称他被选中参加一项重要的校园活动，通过点击提供的链接，可以获取更多详细信息。由于小明对学校社交媒体的信任，他点击了链接并输入了一些个人信息以完成注册。随后，他发现自己的账户开始发布一些他并不知情的广告和链接，同时他的个人信息也似乎被滥用。小明意识到他可能遭到了隐私泄露。

　　在这种情况下，小明的社交媒体账户发生了隐私泄露，导致他的个人信息被滥用。攻击者通过冒充学校社交媒体的方式引诱小明点击恶意链接，从而获取他的账户信息，使小明面临不良广告、虚假信息发布，以及个人隐私泄露的风险。为了降低这类威胁，用户在使用社交媒体时需要谨慎对待收到的信息。首先，要警惕来自未知或不可信来源的消息，避免轻信点击链接或提供个人信息。其次，要定期检查社交媒体隐私设置，确保只有信任的人能够查看自己的帖子和个人信息。使用强密码，并启用多重验证，以提高账户的安全性。同时，保持警觉，对于突如其来的活动邀请和奖励信息要进行核实，避免成为社交工程攻击的受害者。通过这些预防措施，用户可以更好地保护自己在社交网络上的信息安全，减少社交工程攻击和隐私泄露的潜在风险。

七、物联网上的个人隐私保护

物联网（Internet of Things，IoT）是一个基于互联网、传统电信网等信息承载体，让所有能够被独立寻址的普通物理设备对象实现互联互通的网络。这些设备包括但不限于智能家居设备如智能电视、智能冰箱、智能灯泡，以及个人穿戴设备如健康手环和智能手表等。这些智能的设备已经逐渐改变我们的生活方式，并为我们带来了前所未有的便利。然而，在享受这些高科技产品带来的便捷时，我们也必须意识到其中潜在的安全风险——尤其是隐私保护问题。

小周是一个对科技充满好奇心的年轻人，他家中的智能设备包括电视、冰箱、窗帘、扫地机器人等。这些设备通过互联网连接在一起，构建了一个智能家居系统。然而，在享受这些高科技产品带来的便捷时，小明开始关注一个重要的问题：在物联网时代，个人隐私会受到怎样的挑战？他意识到，这些智能设备有可能泄露他的生活习惯、偏好，甚至是个人身体健康数据。

（一）物联网设备有哪些安全问题

数据泄露。许多物联网设备会收集大量敏感信息。例如，智能

129

健康设备(如运动手环和智能体重秤）可能会记录你的身高、体重、心率等健康数据；而智能家居设备（如智能电视和智能音箱）则可能获取到你的观看习惯、购物喜好甚至是对话内容。如果这些数据被黑客窃取或者未经授权地共享给第三方，不仅可能导致个人隐私暴露，还有可能被用于进行定向广告推送或者其他形式的骚扰。

设备劫持。由于很多物联网设备都连接互联网，并且安全防护措施相对较弱，因此它们成为黑客攻击的易受目标。一旦这些设备被恶意接入并控制，后果可谓严重。例如，你的家中安装了网络摄像头系统以提升安全性，但在摄像头被黑客破解之后，则可能变成别人监视你生活的工具；再如智能门锁，在遭受攻击后就有可能使得他人可以随意进入你的家。

信息窃听。某些物联网设备（如智能摄像头、智能音箱或者智能电视等）具有录音与摄像功能。如果被黑客攻击并操控，他们就可以通过这些设备监视或监听你的对话甚至是会议内容。

位置追踪。许多物联网设备（尤其是穿戴式设备）都具有 GPS 定位功能。这意味着只要这些设备是在工作状态下，就可以实时记录并上传你的地理位置信息。如果此类数据被非法获取，则可能导致跟踪骚扰甚至更严重的犯罪行为。

网络攻击载体。由于很多物联网设备都连接互联网，并且安全防护措施相对较弱，因此它们也常常成为网络攻击如分布式拒绝服务攻击的载体。黑客可以利用大量已经感染恶意软件的物联网设备发起协同攻击，从而造成更大范围、更高级别的网络服务中断。

（二）怎么在物联网设备使用中保护个人隐私

购买可信赖品牌。选择购买来自知名和可信赖的物联网设备品牌的产品，这些品牌通常更注重用户隐私和数据安全，会采取更多的安全措施来保护用户的数据。关闭不必要功能（位置追踪）。在设置物联网设备时，关闭不必要的功能，特别是与位置追踪有关的功能。控制数据共享。在设备设置中审查并控制数据共享选项，弄清楚设备会将数据共享给哪些第三方，以及这些数据将被如何使用，确保数据只共享给信任的实体，并最小化共享的敏感信息。定期更新设备。确保物联网设备和相关应用程序保持最新状态，以便及时安装制造商发布的安全更新，这些更新通常包括修复已知漏洞和加强安全性。使用安全网络连接。在连接物联网设备时，使用安全的 Wi-Fi 网络，并确保网络路由器设置了强密码。

总而言之，物联网给我们生活带来极大便利，但也引入了新的隐私挑战。上述方法将有助于保护我们在物联网设备使用中的隐私。除此之外，我们还应该定期审查设备设置、隐私政策和用户协议。

案例 7-7

　　小明是一位热衷于智能家居科技的消费者，他在家中安装了多个连接到互联网的智能设备，包括智能电视、智能音箱和智能摄像头。这些设备可以方便地通过手机控制，并能够提供更智能化的家居体验。然而，有一天小明开始注意到他的智能设备表现出了一些异常行为：智能电视在观看过程中突然播放了一些奇怪的广告，智能音箱则在未被激活的情况下发出了一些声音，智能摄像头也会在无人操作下启动并进行录像。小明对此感到非常不安，担心他的家庭隐私和个人信息受到了威胁。

在这种情况下，小明可能面临着多种安全问题。首先，智能设备遭到设备劫持，黑客可能通过网络漏洞或弱密码进入设备并控制其功能。其次，智能设备收集的个人信息和家庭活动受到数据泄露的威胁，这些信息可能被黑客获取并用于不法目的。最后，信息窃听的风险也存在，黑客可能通过远程控制智能设备中的摄像头和麦克风来监视用户的家庭生活。为了解决这些安全问题，小明可以采取一系列措施。首先，更新设备固件并使用强密码加强设备的安全性，避免被黑客攻击。其次，关闭不必要的功能，尤其是摄像头和麦克风等功能，可以降低信息被窃听的风险。此外，定期审查设备隐私设置和监控网络活动，以及使用安全的 Wi-Fi 网络也是维护隐私安全的有效方式。通过这些措施，小明可以更好地保护自己的隐私和家庭安全，降低智能设备被劫持或数据泄露的风险。

「第三节」

数据泄露后的处理

数据泄露事件在当今数字时代变得司空见惯，对个人和组织的危害不可忽视。大量的个人身份信息、财务数据和敏感信息可能会因此暴露，使受影响的主体受到损失。在面对数据泄露时，我们应该始终牢记以下原则，以迅速而有效地应对和降低潜在风险。

及时响应。数据泄露是一个需要立即处理的紧急情况。迅速的反应能够减缓潜在损害，阻止进一步的泄露，并提高防范未来攻击的能力。

透明沟通。向受影响方提供透明、清晰的信息，及时通报泄露事件的细节。公开透明的沟通有助于建立信任，减轻用户或合作伙伴的担忧。

法律支持。遵循适用的法规，及时报告数据泄露事件，并与隐私监管机构合作。法律合规是维护组织声誉和防范法律责任的关键一环。

技术支撑。立即联系网络安全专业人员，追踪攻击来源，修复系统漏洞，提供后续的网络安全防护建议。专业技术支持对于迅速控制和解决问题至关重要。

全面审查和更新。通过审查安全策略、更新软件补丁、强化网络安全措施等手段，全面提升系统的抗攻击能力。这包括加强账户密码、启用多重验证等方法。

学习改进。从数据泄露事件中吸取教训，不断改进安全措施。定期审查和更新安全策略，保持对新威胁的敏感性，以适应不断演变的网络安全环境。

小　结

在本章中，我们深刻探讨了隐私安全这一至关重要的议题，聚焦三个核心方面：隐私保护的重要性、隐私保护方法及实例、隐私泄露发生时应采取的紧急处理措施。

首先，我们强调了隐私保护的不可或缺性。在数字时代，个人信息的珍贵程度日益显著，随之而来的是隐私泄露可能带来的巨大风险。身份盗窃、财产损失以及信任破裂等问题都可能由隐私泄露引发，形成对整个网络生态的深远威胁。

其次，我们详细探讨了隐私保护的多重手段，并通过具体案例进行了阐释。引入多重验证、匿名与加密通信、网络去痕等多种隐私保护方法，不仅为个体提供了更加全面的保护，也为构建一个安全可靠的网络环境提供了坚实基础。在个人信息防护的案例中，我们强调了提升验证难度、隐藏真实信息、做好物理防护等手段的必要性，从而更全面地保障用户隐私。

最后，我们深入研究了隐私泄露发生时应采取的紧急处理措施，致力于缓解数据泄露的紧急态势，保护个体的隐私权益。通过讨论数据泄露事件的危害以及应对原则，我们提出了一系列具体步骤，如迅速感知异常、更改密码、向相关方通报和报告事件，以及及时联系支持团队解决问题。这一系列措施的实施，不仅有助于减小数据泄露的危害，更是对网络环境整体安全的积极维护。

数据安全与隐私保护的重要性不可低估，它不仅是对个体权益的尊重，更是维护整个网络生态环境稳定健康的重要保障。

第 八 章
移动设备安全

在这个万物互联的时代，各种各样智能移动设备的出现让小吴不断惊呼"科技还能如此神奇！"从智能手机、平板电脑，到智能手表、智能手环，再到汽车智能驾驶系统……每一项新科技成果在大众眼前"显露本领"的时候，小吴都会沉浸在体验和享受中乐此不疲。

在好莱坞大片《鹰眼》中，大家是否还记得这样一个画面？主人公杰瑞为了躲避美国联邦调查局（FBI）的追捕，"阴差阳错"地与雷切尔相遇。为了解救雷切尔被绑架的儿子，二人按照绑架者的要求完成一项项的指示。但令观众惊奇的是，这个绑架者似乎拥有超能力，能够控制一切电子产品并监控他们俩的一举一动，从而在电影中出现了一个个"名场面"。影片最后揭晓了谜底——这个绑架者其实只是一个没有"人性"的人工智能。

看到这里，再想想平时我们身边使用的各式各样的移动设备，你会不会感到毛骨悚然，觉得每一件移动设备上好像都长了眼睛，可以对你的生活习惯进行记录和监视？放轻松！让我们走进小吴的生活中，通过一件件形象生动的例子来帮助大家正确地认识移动设备的安全隐患，掌握生活中保护移动设备安全的小技巧，让大家可以放心地享受移动设备给我们生活带来的福利！

「第一节」

移动设备的安全风险

随着科技水平的不断进步，以及互联网和物联网的迅速发展并延伸到生活中的各个方面，人们对移动设备的依赖程度日益加深，移动设备已经成为每个人生活工作中的必需品。

这是小吴每天的生活场景：在上班途中，他拿出手机便可以进行娱乐活动；在健身房里，他打开智能手表便可以记录运动的各项数据；在办公室门口，他拿出智能卡轻轻一靠近门锁便可以实现快捷开门；在咖啡馆中，小憩过后，他可以拿出平板电脑休闲追剧；开车经过收费站时，他无须停车缴费，通过电子不停车收费（ETC）感应即可快速通行……毫不夸张地说，移动设备的存在极大地便利了我们生活的方方面面。也正因为移动设备在我们的生活工作中如此必不可少，其安全风险才更需要我们去重视。

一、什么是移动设备

移动设备，顾名思义指的是可以移动、携带和操作的电子设备。其通常有一个小的显示屏幕，可通过触屏或小型键盘输入文字，能帮助人们无缝地连接和传输信息。广义上的移动设备包括移动电脑、智能手机、平板电脑、智能手表，以及其他可携带的电子设备。这类电子设备一般都拥有强大的计算、语音呼叫和数据传输功能，同时还搭载了大量的应用程序（APP），满足用户的通信、出行、娱乐等各种需求。近年来，随着科技水平的不断提高，移动设备的类型也在不断扩展，车机系统就是其中一个最典型的例子。车机系统指的是汽车平板电脑，它是一种移动的汽车娱乐系统，可以提供多种功能，如音频和视频、全球定位系统（GPS）、高德地图，以及蓝牙连接甚至是抬头显示（HUD）。当前，车机移动设备的发展趋势已从小屏幕按键输入转换为多屏幕触屏输入，尤其对于新能源汽车来说，这个趋势更为明显。此外，近场通信（NFC）设备卡、手持终端机、手持收银条等在近年来也有很大的发展，将终端设备推至前端，大大提高了办公效率。

二、常见的移动设备

本章中，我们将按照以下分类来对移动设备的安全问题进行阐述：手机和平板电脑等移动终端、智能电话手表手环等智能穿戴设备、门禁卡等智能卡类移动设备。

（一）移动终端

移动终端主要指的是具有多种应用功能的有独立操作系统的手机和平板电脑。手机的核心功能起初只是通信，后来随着科学技术水平的进步，逐步从功能性手机发展到以安卓、IOS 操作系统为代表的智能手机，成为可以在较广范围内使用的便携式移动智能终端。当前，除了基本的通话和短信功能外，智能手机还具有丰富的应用程序和服务，如网页浏览、视频播放、社交媒体、游戏等。此

外，它还支持各种无线连接技术，如 Wi–Fi、蓝牙和近场通信等。平板电脑是一种小型的便携式电脑，其屏幕大小通常在 7—12 英寸。与智能手机相比，平板电脑的主要特点是有着较大的屏幕，这使得用户可以更方便地阅读电子书、观看视频，以及进行图形设计等工作。尽管当下平板电脑也具有通话功能（例如通过 Skype 等应用程序），但这并不是其主要功能。同时平板电脑也支持 Wi–Fi 和蓝牙等无线连接技术，并可以安装各种应用程序来扩展其功能，人们通常称其为"放大版智能手机"。

（二）智能穿戴设备

智能穿戴设备是一种可以直接穿戴在人体上的智能移动设备，这类设备通过应用生物传感技术、无线通信技术和智能分析软

件，实现与用户的交互、人体健康监测和生活娱乐等功能。智能穿戴设备包括但不限于手表、手环、眼镜等设备。智能手表不仅能够显示时间，还可以接收手机的通知、记录运动数据，甚至可以进行支付操作；智能手环可以监测我们的心率、睡眠质量和运动步数等健康情况；智能眼镜可以为我们提供导航服务、拍摄照片和视频，甚至可以实现虚拟现实（VR）和扩增现实（AR）的体验。

（三）智能卡

智能卡（IC 卡），通常指的是内嵌有微芯片的塑料卡（手掌大小），并配备有 CPU、RAM 和 I/O，可自行处理数量较多的数据而不会干扰到主机 CPU 的工作。根据应用场景和功能的不同，智能卡可以被划分为多种类型，例如，金融智能卡（银

行卡，可用于电子支付等）、通信智能卡（SIM 卡，可用于移动通信等）、社会安全智能卡（身份证、社保卡等，可用于身份识别和社会服务等）、交通智能卡（公交卡、地铁卡等，可用于公共交通出行）。

此外，智能卡还被广泛应用于"智能一卡通"系统中，该系统以智能卡技术为核心，以计算机和通信技术为手段，将智能建筑内部的各项设施连接成为一个有机的整体。用户通过一张智能卡就可以完成开房、就餐、购物、娱乐、会议、停车、巡更、办公和收费等各项活动。

「第二节」

移动设备常见的安全风险

随着网络攻击技术的不断提高，再加上移动设备中包含了大量的用户个人隐私数据信息，移动设备的安全受到了人们的广泛关注。以下是几种比较常见的安全风险：

一、恶意软件的威胁

恶意软件是威胁移动设备安全的主要因素之一，包括病毒、木马、间谍软件等。这些恶意软件可以窃取移动设备用户的个人隐私信息、密码等敏感数据，甚至可以远程操控移动设备。攻击者往往会通过各种手段和途径来诱导用户在不经意间安装其所开发的恶意软件。一旦安装成功，用户移动设备的"命运"就被完全掌握在攻击者的手中了。

一天，小吴在手机上浏览银行的网页时，突然弹窗提示"ＸＸ银行官方APP，点击即可下载"。聪明的小吴留了一个心眼儿，专门查看了下载网址，发现其不是官方的下载渠道，便果断点击取消。其实这个就是一款"银行木马"恶意软件。在这个案例中，恶意软件伪装成合法的银行应用程序，诱使用户下载并安装。一旦成功安装在移动设备上，它就会窃取用户的银行账户信息、密码和其他敏感数据，从而给用户造成巨大的经济损失。此外，恶意软件还可以通过远程控制用户的移动设备来执行其他恶意行为，如发送垃圾短信或拨打电话等，严重影响用户的正常生活。

二、数据泄露隐患

移动设备通常存储了大量个人或者企业的敏感数据信息。对于个人来说，这些信息包括银行账户密码等财产信息、个人行动轨迹等生活信息，甚至心跳脉搏血压等健康信息，如果这些重要的数据被未经授权的人或程序访问，就极可能导致数据泄露，从而产生更大的损失。2024年初，安全研究人员鲍伯·季亚琴科（Bob

Dyachenko）和赛博新闻（Cybernews）团队发现了一个名为"泄露之母"（Mother of all Breaches，MOAB）的超级巨型数据泄露库，该库整合并重新索引了过去几年的泄露数据，文件体积高达12TB，共260亿条记录，引起了不小的轰动。

茶余饭后，小吴正在使用手机浏览某新闻APP，突然该应用程序提示"是否请求使用用户的照片信息以及麦克风权限"。小吴感到疑惑：作为一个新闻类的应用程序，怎么会需要访问图库和麦克风呢？于是果断拒绝了该权限请求。他的这一操作其实很好地保护了自己的个人隐私。在生活中，我们经常会像小吴一样"莫名"地遇到一些应用程序申请使用与其功能无关的应用权限。一旦我们选择同意，这些应用程序便可以随时随地"悄无声息"地调用我们的麦克风和照相机等应用权限，收集我们生活中的各种隐私。此外，部分应用程序还有云存储功能。一些用户为了防止资料丢失，主动将相关文件上传到公共云存储服务器，殊不知这样做也可能会导致数据信息的泄露。

三、网络攻击风险

当前，移动设备基本上都具备联网的功能，因此就有可能遭受到各种各样的网络攻击。较为常见的网络攻击有：钓鱼攻击、分布式拒绝服务攻击等。这些网络攻击可能会导致移动设备系统崩溃或无法正常运行，同时也可能伴随着数据泄露等安全风险的发生。

小吴在浏览邮箱的时候，发现了一封来自"微软"的邮件，邮件内容是要求下载一个名为"Microsoft Word Viewer"的附件。小吴因为微软从来没有通过这种方式让自己安装软件，便果断删除了这个邮件。其实这是典型的鱼叉式网络攻击，攻击者通过发送一封伪装成来自微软的电子邮件，诱使用户点击其中的链接并下载附件，这个附件实际上是一个恶意软件，一旦被用户点击，便会自动安装在用户的计算机上，从而窃取用户的登录凭据和其他敏感信息。这个事件提醒我们，不要随意点击陌生网站的链接或者下载来源不明的附件，要防范其中可能隐藏的恶意软件风险。

四、应用程序漏洞

无论是安卓系统还是 iOS 系统，应用程序安全已经成为当前移动互联网安全的焦点。据不完全统计，当前存在安全漏洞威胁的应用程序多达千万余个。此外，同一应用程序存在多个安全漏洞的现象也极为普遍。据调查显示，存在日志数据泄露风险的应用程序数量最多，占总量的 65.9%；其次是截屏攻击风险，占总量的 62.39%；排在第三位的是 URL 硬编码风险，占总量的 62%。2019年，ZipperDown 漏洞影响了安卓和 iOS 两大平台上的许多应用程序，大约 10% 的 iOS 应用受到了这个漏洞的影响，其中包括一些流行的社交媒体应用、银行应用和新闻应用等。

小吴在咖啡馆使用公共 Wi-Fi 浏览网页时，突然跳转出一则这样的请求，称某应用程序需要从本网站下载压缩包来完成软件更新升级。然而小吴非常清楚，如果软件需要升级，应该在官网上进行相关操作，便果断拒绝了该请求。其实这就是一次典型的 Zip-perDown 漏洞，该漏洞的触发条件是：在不安全的 Wi-Fi 环境中，攻击者会劫持超文本传输协议流量，将应用下载的压缩包替换为包含恶意代码的压缩包，从而利用该漏洞解压恶意代码。由于应用程序的开发人员未对压缩包中的解压路径进行校验，这就使得攻击者可以绕过应用程序的安全措施，获取用户的敏感数据。此外，攻击者还可以利用这些数据进行其他恶意行为，如盗取资金或进行身份盗窃等。为了防范这种类型的漏洞攻击，开发人员应该对用户输入的内容进行严格的验证和过滤，并及时修复已知的安全漏洞。同时，用户也需要提高安全意识，尽量避免在不安全的网络环境下下载和安装来源不明的应用程序。

五、社交工程攻击

如前文所述，社交工程攻击是通过欺骗用户来获取其个人信息或访问权限的攻击方式。例如，通过伪装成银行或其他机构来骗取用户的登录密码等信息。通常社交工程攻击的触发条件是：用户在无意间点击了攻击者伪造的链接，从而造成了个人信息泄露。据研究显示，用户在移动设备上遭到社交工程攻击的可能性是电脑的3倍，其中一个主要的原因是手机是人们最有可能首先看到信息的地方，而智能手机的屏幕尺寸较小，显示的信息比较有限，字体通常会比较小，一般的使用者在接收到某个链接后往往不会细看便直接点入，这无疑大大增加了钓鱼攻击成功的可能性。

六、Wi-Fi和移动数据的传输安全

当前，如果我们选择使用传统网线来连接移动设备，成本将非

常昂贵，而且很不方便。在很多情况下，我们的移动设备甚至只支持使用无线网络进行连接。无线网络分为两类：Wi-Fi网络和移动数据。Wi-Fi网络的安全等级较低，黑客很容易通过Wi-Fi网络来入侵移动设备或者窃取传输信息，因此其不适用于工业制造、能源生产或智慧城市等大型商业设备的部署。与此同时，移动运营商也正在加紧部署4G/5G/6G移动数据网络，但是移动数据网络也存在着很多安全传输问题。

小吴在使用公共Wi-Fi网络的时候格外小心谨慎，因为最近网上报道的一则新闻令他格外重视：当前密钥重装攻击（Key Re-installation Attack，KRACK）漏洞已经成为黑客盗取个人信息的一个突破口。这种攻击主要针对Wi-Fi保护访问协议（WPA2）。密钥重装攻击漏洞利用了WPA2协议中的一个漏洞，即在重新连接Wi-Fi网络时，设备会重新设置密钥。黑客可以通过拦截这些重新安装的密钥，从而获得对网络的完全访问权限。一旦黑客获得了对网络的访问权限，他们就可以窃取用户的登录凭据，如用户名、密码和其他敏感信息。这使得黑客能够以用户的身份进行操作，例如访问电子邮件、社交媒体账户等。除了窃取用户的登录凭据外，密钥重装攻击还允许黑客监听和篡改通过Wi-Fi网络传输的数据。

七、过时设备的隐患

伴随着网络技术的迅速发展，系统后门漏洞也越来越普遍。为此，各国移动厂商都会定期去更新移动设备的软件系统来修补之前系统出现的安全漏洞。但是每一次系统的更新，都会对移动设备的硬件条件提出很高的要求。而对于过时的移动设备，由于其硬件受到限制，所以软件系统可能无法实现更新。一些黑客就会利用系统先前存在的漏洞，对该移动设备进行网络攻击，从而获取相应的隐私数据信息。智能手机安全问题研究学者、美国锡拉丘兹大学计算机科学教授凯文·杜（Kevin Du）说："现在许多手机甚至没有内置补丁机制，这正成为越来越大的威胁。"据调查显示，智能手机、平板电脑等移动设备给企业带来了更大的风险，因为与传统的工作设备不同，这些联网设备通常不能保证及时和持续的软件更新。这一情况在安卓操作系统中表现得尤为明显，因为在安卓平台绝大多数制造商在保持产品更新方面效率低下（安卓系统作为一个开源的系统，对开发者的要求没有那么严格）。

Pegasus 是一款由以色列监控公司 NSO Group 开发的智能手机间谍软件，被认为是目前为止最危险的间谍软件之一。员工的移动设备如果未安装最新的安全更新补丁，或者操作系统已经过时，就可能被此类攻击所利用。Pegasus 间谍软件可以窃取用户的通话记录、短信、邮件、联系人、照片、视频等敏感信息，甚至可以远程控制设备的麦克风和摄像头进行录音和拍照。为此，用户要不断更新系统，保持最新版本，安装最新补丁。

八、广告链接欺骗的风险

当我们在使用智能手机等移动设备浏览网页时，总免不了会出现各种各样的广告。当下，很多网络攻击者会将钓鱼链接伪造成广告，诱导用户在浏览网页的时候点击进入。一旦用户不小心点击进入，攻击者就会通过该链接来获取用户的隐私数据，或者根据该链接来寻找移动设备的安全漏洞，从而进行网络攻击。此外，一些广告链接还会伴随恶意软件的安装，这些恶意软件的安装轻则会加重移动设备的运营负担，造成极大的耗电量，减少移动设备的使用时间；重则会收集使用用户的个人隐私数据、各类账户密码等敏感信息，从而造成更大的经济损失。

小吴在浏览购物网站时，看到网站上弹出来一条链接："领取100元代金券（无门槛）"。小吴点击链接后，发现需要输入购物账户的账号和密码。谨慎的小吴随即关闭该链接窗口，防止了自己的信息遭到泄露。这就是典型的利用虚假优惠券或特价促销进行欺诈的行为。攻击者可能会在社交媒体网站上发布广告，称其提供某品牌产品的免费优惠券或特价折扣。点击链接后，用户会被引导到一个看似合法的网站，要求他们输入个人信息以领取优惠券。而这个网站实则是攻击者搭建的虚假网站，用户输入的所有信息都会被攻击者获取。

九、设备的物理漏洞风险

当前，智能手机、平板电脑等移动设备已经具备了密码、指纹、面容，甚至声控等多种解锁方式；但是也有一些小型或者微型的移动设备没有设备锁。一旦设备丢失，拾取者便可以很容易地打开此移动设备，并查询用户的个人数据信息或者直接使用该移动设备进行一些非法活动，从而造成经济损失、信息泄露等安全隐患。

「第三节」
如何保护移动设备的安全

一、如何保护手机和平板电脑安全

手机和平板电脑是常用的集办公、通信、休闲、娱乐于一体的移动设备，给我们生活的方方面面带来了极大的便利。正因为如此，我们平时会在手机和平板电脑里存储重要的个人信息。一旦手机和平板电脑丢失，就可能造成极大的经济损失。为了更好地保护我们的个人信息和经济财产安全，掌握保护手机和平板电脑安全的方法尤为重要。那么，如何才能保证手机和平板电脑里的信息不被他人窃取呢？

（一）设置密码、指纹、面容等设备安全锁

当前，大部分手机和平板电脑都支持多种方式解锁设备，在提高解锁效率和速度的同时，也进一步提升了设备的安全性（相较于传统的数字密码解锁，指纹、面容等利用人体生物特征解锁的方式更难以被模仿）。在设置数字密码时，要尽量避免简单的纯数字格式，同时也不要使用自己的生日、手机号等涉及个人情况的数字，这样可以大大提升设备密码的安全可靠性。此外，对于特别重要的应用软件，我们还可以添加应用锁来进行多重验证保护。

案例 8-1

小明是某保密企业的高管，在其参加一次国际商务会议期间手机被盗。由于他在手机上设置了指纹和面容识别，同时在一些重要的文件上还设置了双重验证锁，并且在意识到手机丢失后迅速启用了远程锁定和擦除功能，其手机内的信息并没有泄露出去，从而避免了重要保密信息的泄露及财产损失。

（二）定期更新软件设备

手机和平板电脑上的软件更新主要包括两大类：各类应用程序的更新、操作系统的更新。用户可将"设置"中"自动更新下载"选项打开，这样可以确保手机和平板电脑上的应用程序和操作系统都是最新版本。这些软件的更新通常包含安全补丁，可以修复已知的安全漏洞，从而更好地保护设备安全。

案例 8-2

2013 年底，美国零售巨头塔吉特（Target）公司的系统安全运维人员没有及时对系统进行更新和安全升级，导致黑客通过一个已知的未修复的安全漏洞窃取了大量公司客户的隐私数据。作为一个巨头公司，塔吉特公司除了遭受到系统被破坏、很多关键用户信息被泄露的损失外，更重要的是公司的信誉因为这个事件受到了一定的影响，在无形中造成了更大的损失。这也提醒我们安全无小事，可能一个不经意的小细节就会造成巨大的损失。

（三）安装可靠的安全杀毒软件

使用可靠的安全杀毒软件（如防病毒软件和防恶意程序安装软件），可以最大限度地保护用户的手机和平板电脑免遭网络病毒和恶意软件的威胁，更好地维护信息安全。

案例 8-3

小明是一名游戏爱好者，平时喜欢通过各种网站去下载一些比较稀缺的游戏资源。当然，作为一名合格的网民，小明一开始就在自己的电脑中安装

了官方可靠的杀毒软件。在一次游戏下载的过程中，杀毒软件提醒他正在下载的游戏资源中夹带了其他安装包，经过检测发现是一个恶意软件（被安装这个软件的电脑都会出现"蓝屏"）。小明暗自捏了一把汗——多亏安装了杀毒软件，阻止了损失。

（四）使用安全的 Wi-Fi 网络

目前，Wi-Fi 网络大致可分为公共 Wi-Fi 网络和家用 Wi-Fi 网络。公共 Wi-Fi 网络是公共场合下供多人使用的，通过公共网络提供商等设备转发后接入互联网。家用 Wi-Fi 网络是在家中自己用的，经过路由器等设备直接连接到运营商接入互联网。从接入角度来

说，因为公共网络存在多人使用和接入未知的中间设备的情况，其安全隐患和风险相对更高。因此，当我们在公共场合连接 Wi-Fi 网络的时候，一定要注意避免在公共 Wi-Fi 网络上进行敏感操作，如输入银行卡密码或查看个人隐私信息。

案例 8-4

小明在一家咖啡馆使用店家提供的免费公共 Wi-Fi 时，一些敏感的个人数据信息遭到了黑客的窃取——小明

在通过手机银行进行转账和查询账户余额时，被黑客利用公共 Wi-Fi 网络的安全漏洞窃取了其登录凭证以及一些其他个人信息。随后黑客利用窃取到的个人信息进行了一系列的非法活动，包括访问其邮箱、微信等社交媒体账户，以及在线购物账户，并利用其个人身份信息申请了一张信用卡，进行了多笔大额消费。当被银行打电话告知有大量欠款没还时，小明才发觉异常，并及时向警方报案。经过公安机关网安部门的调查取证，警方发现这是一起有组织、有预谋的网络犯罪案件，涉及多名黑客。他们通过公共 Wi-Fi 网络的安全漏洞，窃取了大量用户的个人隐私信息，并利用这些信息进行非法活动，牟取了一定的利益。

（五）不要点击可疑链接和附件

我们在使用手机或平板电脑时，不要随意点击来自陌生人或可疑的电子邮件、短信或社交媒体消息中的链接和附件。因为这些链接和附件中可能隐藏着黑客植入的木马病毒等，一旦点击，木马病毒就会迅速植入我们的手机或平板电脑中，窃取个人信息，造成数据泄露。同时，有的木马病毒可能还会在手机或平板电脑中安装恶意软件，从而损害系统软件，造成系统运行卡顿、温度过高，缩短手机或平板电脑的使用寿命。

（六）及时进行数据备份

当前，各大品牌的手机和平板电脑几乎都具备云空间存储功能。及时进行数据备份可以帮助用户在系统遭受网络攻击、入侵、电源故障或误操作等意外情况时，完整快速简捷可靠地恢复原有系统数据，保障系统的正常运行。此外，定期备份数据也可以有效防止数据丢失、被篡改或被损坏。

案例 8-5

小明是一名摄影爱好者，平时喜欢利用手机拍照记录生活中的点点滴滴。一次他在海边玩水的时候不小心将手机掉进了海里，大浪卷来手机便不见了踪影。幸运的是，小

明有一个数据备份的好习惯，拍过的照片会在云端里保存一份，因此在用另一部手机登录账号时，之前拍过的照片便可以从云端下载到新手机了。

（七）禁用不必要的功能和服务，限制应用程序的权限

当前，比较常见且敏感的授权服务有：位置、相机、照片、麦克风等。禁用不必要的功能和服务，首先可以减少受攻击面。手机和平板电脑上许多预装的应用程序和服务可能存在一些安全漏洞，通过禁用这些功能和服务可以尽可能减少潜在的攻击目标，降低被黑客入侵的风险。其次可以减少隐私泄露的风险。某些功能和服务可能会收集用户的个人信息，并将其发送到远程服务器进行分析或

存储，通过禁用可以有效规避个人信息泄露的风险。此外，当下有很多应用程序会"悄无声息"地打开用户的相关权限服务，从而获取用户的相关个人隐私信息并上传服务器，为此用户要经常检查应用程序的权限管理，最小化地给应用程序授权，防止应用程序的权限滥用。

2023年10月底，工业和信息化部通报了22款应用程序、第三方软件开发应用包（SDK）存在侵害用户权益的行为，表8-1展示了其中部分应用程序/软件开发应用包。

表8-1　部分侵害用户权益的应用程序/软件开发应用包名单

序号	应用名称	应用开发者	应用来源	应用版本	所涉问题
1	爱音斯坦FM	辽宁爱音斯坦文化传媒股份有限公司	360手机助手	4.8.4	违规收集个人信息
					强制、频繁、过度索取权限
2	全民K诗	北京诵读文化发展有限公司	百度手机助手	2.6.11	违规收集个人信息
3	视频剪辑助手	长沙小尹信息科技有限公司	百度手机助手	10.5	违规使用个人信息
					强制、频繁、过度索取权限
4	今日影视大全	重庆良择互娱科技有限公司	豌豆荚	8.5.1	超范围收集个人信息
5	海信爱家	聚好看科技股份有限公司	华为应用市场	6.0.8.7	超范围收集个人信息
6	爱优影视大全	北京半步成诗文化传媒有限公司	vivo应用商店	1.7.6	违规收集个人信息
					违规使用个人信息
					强制、频繁、过度索取权限

从表8-1中可以看出，有的应用程序会违规收集个人信息，有

的会强制、频繁、过度索取权限，还有的会超范围收集个人信息。其中，爱音斯坦 FM 就涉及违规收集个人信息和强制、频繁、过度索取权限两类问题；今日影视大全、海信爱家等则存在超范围收集个人信息的问题……可以发现，其实应用程序滥用权限的情况就在我们的身边，所以在使用手机和平板电脑时一定要提高警惕，不随意给应用程序授权，从而更好地保护我们的隐私信息和权益。

（八）多个账户避免使用相同的密码

撞库攻击中，黑客通过各种渠道和方式收集已泄露的用户和密码信息，生成对应的字典表，尝试批量登录其他网站后，得到一系列可以登录的用户。由于很多用户在不同网站上使用相同的账号、密码，所以，黑客可以通过用户在 A 网站的账户、密码等信息尝试登录 B 网站，然后在 B 网站的账户上进行一些非法活动，造成一定的经济损失或者信息泄露。

2022 年 6 月，某网络安全公众号发布了一篇文章，称某高校学习软件的数据库信息疑似大规模泄露。泄露的信息包括但不限

于姓名、手机号、性别、学校、学号和邮箱等，数量达到了 1.73 亿条。在接到这些反馈后，该学习软件公司立即组织了技术排查，他们强调公司不存储用户明文密码，而是采取单向加密存储，理论上用户密码不会泄露。尽管该公司作出了回

应并进行了技术排查，但还是有卖家在黑灰产平台上暗示称，其所储存的加密数据可以通过技术破译。很多同学反映，自己在该学习软件上使用的密码和很多社交账号上的密码是一样的，担心有不法分子会利用泄露的密码信息对其其他账号进行非法操作，从而导致一定的经济损失。

（九）不要随意下载应用程序

在手机和平板电脑上下载应用程序一定要从官方的应用商店中下载，因为这些从官方应用商店中下载的应用程序是经过官方检测的，其应用程序开发者是备过案的，应用程序里的内容也是经过审批的，不会出现钓鱼链接等。同时，要避免从不明来源的网址下载应用程序。首先，从不明网站中下载的这些应用软件在软件本身的安全性上没有保障，软件本身可能就是木马病毒包装伪造的，一旦下载安装到手机和平板电脑中，该设备就会感染病毒和木马，从而极有可能造成设备中的数据泄露或者影响操作系统的正常运行。其次，这些系统由于没有经过官方的检测，极有可能会在用户不经意间打开位置、麦克风、相机、图库等权限，窃取用户的私密数据。最后，从这些不明来源的网站上下载应用软件安装包时，其中极有可能夹杂着多个其他软件的安装包，并会自动安装到手机和平板电脑中，占用系统的运行资源和内存，使系统运行变得卡顿，加速移动设备的老化。

案例 8-6

　　小明兴趣爱好广泛，平时也喜欢看足球比赛。在球友群里会有人时不时向大家介绍免费直播看球的应用程序，小明一开始比较激动就向球友咨询下载操作。咨询完后小明发现这个应用程序下载的渠道并不是官方途径。出于设备安全考虑，小明并没有进行下载。一段时间后，球友群里下载过这些应用程序的人手机都中了病毒，经常出现黑屏情况。小明为手机安全没有被"侵害"而感到庆幸。

二、如何保护智能穿戴设备安全

　　智能穿戴设备已经成为人们生活中不可或缺的一部分，为我们提供了各种各样的便利和功能，如健康监测、运动追踪、智能提醒、休闲娱乐等。然而，随着智能穿戴设备的普及，各式各样的智能穿戴设备质量参差不齐，其安全问题也日益凸显。如何才能更好地保护我们的智能穿戴设备、保证我们的隐私和数据信息安全呢？

（一）选择可信赖的品牌和供应商

　　在购买智能穿戴设备时，用户应该选择可信赖的大品牌和供应商。技术较为成熟的大品牌和供应商通常在研发和设计产品系统软件时，会采取一系列的安全措施来保护产品用户群体的数据安全。用户可以通过在产品官方网站上查看其产品介绍、阅读产品说明书和用户反馈评价等多种方式，来了解该智能移动穿戴设备的安全性能。

案例 8-7

　　小明平时在跑步的时候喜欢戴着运动手环，方便记录他的跑步数据。但是在选择品牌的时候小明却犯了难：小牌子虽然便宜但是质量并不能保证，大牌子虽然质量较高但是价格却有些高昂。思来想去，小明决定多一点预算买一个质量不错的手环。后来，在新闻报道中，小明得知一部分小牌子运动手表因为公司运营情况不佳，对于后台数据库疏于管理，导致数据库遭到黑客攻击，包含用户的运动轨迹、心率等在内的数亿条数据信息被泄露。

（二）及时更新软件和固件

　　智能穿戴设备的软件和固件是保护其安全性能的"左膀右臂"。用户应定期检查并更新智能穿戴设备的软件和固件，通过更新系统以修复已知的安全漏洞和提升穿戴设备的安全性能。通常，用户可将智能穿戴设备设置为"在连入无线 Wi-Fi 网络后自动下载和安装更新"，也可以手动检查更新并进行安装。

案例 8-8

　　小明上班会佩戴智能手表以方便办公，每当他发现智能手表需要进行系统更新的时候，都会及时更新。后来他注意到一些黑客专注于攻击那些已有的安全漏洞，而这些漏洞往往存在于未更新的系统中，一旦智能手表遭到攻击，个人的隐私信息就会泄露。小明习惯性地将自己的智能手表保持在最新的系统版本，很好地防止了黑客的攻击。

（三）设置强密码和指纹等生物特征识别方式

当前，智能穿戴设备越来越趋向于小型化，这在给用户带来便利的同时，也使设备丢失的概率越来越大。因此，我们应为智能穿戴设备设置强密码，从而在其丢失时也能更好地保护数据安全。此外，我们的智能穿戴设备也不可能一直携带，给穿戴设备设置设备锁可以防止设备中的信息被他人查看。如前文所述，强密码应该包含大小写字母、数字和特殊字符，并且长度应该足够长，防止被破解。指纹等生物特征识别是一种更便捷的身份验证方式，与传统的数字密码相比，其安全性更高，解锁密码（即生物特征）很难被复制。在解锁效率和场景方面，生物特征识别解锁方式也极具优势，目前正被应用到越来越多的方面。

案例 8-9

为了享受移动穿戴设备带来的方便，小明每次出门乘车和购物时都会使用智能手表上的二维码进行支付。一天，小明突然发现自己的智能手表丢失了，在悲伤之余他更担心自己智能手表中绑定的钱财会被不法分子刷走。于是，他立刻前往网点办理了解绑服务并查询了余额。万幸的是，由于小明设置了解锁和支付密码，不法分子并未得逞。

（四）限制主设备连接

智能穿戴设备通常可以通过蓝牙或 Wi-Fi 网络与智能手机等主设备连接，从而进行数据传输、查看信息或调整设置，这些操作尤其是数据传输会在无形中增加设备的安全风险。因此，用户应该限制智能穿戴设备连接的主设备，只允许与

可信赖的主设备进行连接，并在该设备上查看相应的智能穿戴设备信息。此外，用户还应该定期检查已连接的设备列表，及时删除不再需要连接的设备，从而保护智能穿戴设备的安全。

案例 8-10

小明平时喜欢通过蓝牙连接其他设备播放音乐，但是他有一个好习惯——每次连接的都是个人设备，而不会连接公用设备。此外，出于安全起见，他每次都会在音乐播放完后主动断开和相应设备的连接。后来，小明从新闻报道中得知，很多黑客通过公用网络入侵公共设备，然后通

过无线网络或者蓝牙等方式与连接公共设备的个人设备建立控制联系，从而获取用户个人的相关隐私信息。小明庆幸自己良好的使用习惯，使他避免了隐私信息的泄露。

（五）连接可靠的网络

智能穿戴设备通常需要连接 Wi-Fi，以便进行数据同步、远程控制、系统更新等功能。要避免连接公共 Wi-Fi 网络，防止黑客利用公共 Wi-Fi 网络中的安全漏洞来窃取穿戴设备中的个人数据或更改其中的部分设置。

案例 8-11

小明总是喜欢中午休息时去单位楼下的咖啡馆喝杯咖啡，他发现很多顾客为了节省流量都会连接咖啡馆的公共 Wi-Fi 网络进行上网冲浪。而由于公共 Wi-Fi 网络的安全性较差，黑客往往会通过连接公共网络，进而入侵连接该网络的手机、平板等移动设备，从中窃取相关的隐私信息。小明出于安全考虑，并没有将自己的设备连接咖啡馆的公共 Wi-Fi 网络，从而保证了移动设备的数据安全。

（六）定期备份数据

相比手机和平板电脑这些价格更高、技术更成熟的移动设备，智能穿戴设备目前还处在起步阶段，部分产品还不够成熟，极可能会因为软件故障、硬件损坏或其他原因导致数据丢失。为了保护用户的数据安全，应该定期备份穿戴设备上的数据。

案例 8-12

　　小明有一个习惯：每天晚上睡觉前都会将其智能手表中的数据进行备份，上传到手机的 APP 云空间中。有一天，在上班路上，小明不小心摔了一跤，智能手表摔碎无法开机，无奈之下只能购置新手表。好在因为数据被及时备份，于是小明轻松地将数据全部导入到了新设备中，没有令自己的重要信息遗失。

三、如何保护智能卡的安全

　　智能卡作为移动设备中体积最小的一类，被广泛应用于金融、通信、交通、医疗等众多领域，涉及身份验证、支付等多种功能，因此其安全性对于用户而言至关重要。那么，如何保护智能卡的安全呢？

（一）妥善保管智能卡

　　智能卡一般为手掌大小，但随着技术的不断发展，硬币大小的智能卡也变得极为常见。这就带来了一个问题——易丢失。因此，用户首先应当妥善保管自己的智能卡，防止丢失或被盗。同时考虑到智能卡中有芯片，多种类型的智能卡放在一起可能会出现消磁失效的情况，在日常生活中，用户可以将智能卡与身份证、银行卡等重要证件分开存放，避免智能卡失效。此外，用户还应定期检查智能卡的物理状态，如果发现卡片有破损、划痕等情况，应及时向发卡机构申请更换新卡，避免影响智能卡的正常使用。

案例 8-13

　　小明所在的单位为了方便员工吃饭、考勤打卡等活动，为每位员工办理了智能卡。一天，小明从新闻中得知，当前有一些黑客专门窃取智能卡中的信息——他们只要用手中特制的设备接触受害者挂到腰间或脖子上的智能卡，便能获取到卡中的各项重要信息。而使用保护卡套，则可以在避免消磁的同时保护自己的个人信息免遭窃取。小明听闻后立刻买了一个卡套并将自己的员工卡装了进去。

（二）设置复杂密码

　　智能卡由于具有身份验证、快捷支付等功能通常需要设置密码。在选择密码时，应尽量避免使用生日、电话号码等容易被猜到的数字组合，同时尽量设置包含大小写字母、数字和特殊符号的混合密码。此外，用户还应定期更改密码，以增加破解难度。

案例 8-14

　　小明工作的单位保密性要求较强，平时许多核心设备以及系统的使用都需要使用员工卡并搭配密码进行身份验证。这天，单位发布了一则通告：一位高级工程师将自己的员工卡密码设置为简单易记的 123456，被窃取其员工卡的间谍破解，使得重要信息遭到泄露。小明看完通告后立刻将自己的员工卡更改为复杂的密码。

（三）注意交易场所安全

在使用智能卡进行交易时，用户应注意选择安全可靠正规的交易场所。在公共场所如商场、餐厅等进行刷卡消费时，应确保 POS 机的安全性，避免信息在刷卡过程中被恶意窃取。在需要进行云支付的环境下，用户应选择正规的电商平台和支付渠道进行在线消费，警惕钓鱼网站和诈骗电话（短信）。

案例 8-15

最近小明家楼下经常有人搭帐篷搞活动：刷银行卡 99 元可以领两桶高级调和油。许多邻居纷纷刷自己的银行卡去领取礼品，小明感到担忧，随即向公安机关反映情况。经过调查，搞活动的人为诈骗分子，他们利用改装过的 POS 机获取人们的银行卡信息，并将信息售卖获取一定的利润。

（四）及时关注账户动态

用户应养成定期查看智能卡账户余额和交易记录的习惯，以便及时发现异常情况，防止智能卡被复制盗刷。一旦发现账户出现未经授权的交易或者余额异常变动，应立即向发卡机构报告并进行处理。同时，用户还应关注发卡机构的公告和通知，了解智能卡的安全更新和风险提示。

案例 8-16

小明日常喜欢使用信用卡进行消费购物，同时他给自己的信用卡开通了短信消费提醒。这天，他从新闻中得知，一名男子在办理信用卡后并未开通短信消费提醒，也并未经常关注信用卡中的消费动态，直到银行告知他有大量到期的贷款没有偿还时，他才发现自己的信用卡被不法分子盗刷了。经过这件事后，小明更加关注其银行信用卡的账户动态了。

小 结

移动设备的普及和快速发展，使得我们的生活变得更加便捷。然而，与此同时，移动设备的安全问题也日益凸显。本章主要探讨了移动设备常见的安全风险以及每一类移动设备的具体保护方案。

首先，我们介绍了移动设备的定义，以及类别，即手机和平板电脑等移动终端、智能电话手表手环等智能穿戴设备、门禁卡等智能卡类移动设备，并且分别对这三类移动设备进行了相关阐述。

其次，我们介绍了常见的移动设备安全风险，包括恶意软件威胁、数据泄露隐患、网络攻击风险、应用程序漏洞等。这些安全风险不仅可能导致用户个人信息的泄露，还可能对用户的财务和声誉等其他方面造成严重的影响。了解这些潜在风险的特点以及应对措施，有助于用户更好地防范和应对移动设备安全问题。

最后，我们强调了移动设备安全的重要性。随着移动设备功能的不断增强，越来越多的个人和企业将重要的数据存储在移动设备中，这使得移动设备成为攻击者的主要目标。一旦移动设备被黑客攻击或泄露，用户的数据将面临严重的风险，甚至可能导致财产损失和隐私泄露。因此，保护移动设备的安全变得至关重要。此外，我们按照上文移动设备的分类依次向读者讲述了移动设备安全保护方面详细具体的措施，比如设置密码锁、使用强密码、使用安全可靠的 Wi-Fi 网络等。

综上所述，移动设备安全是一个复杂而严峻的问题。使用强密码、在官方渠道浏览下载相关内容、连接安全网络等方式，可以有效地保护移动设备的安全。相信通过大家的共同努力，我们在享受移动设备带来的便利的同时，个人信息和财产安全也能得到更好的保护。

第 九 章

办公终端安全

在这个数字化的时代，我们与科技的交融日益紧密，而办公终端作为连接我们与数字世界的桥梁，扮演着无可替代的角色。

小陈，一个职场新人，办公终端为其提供了高效的工作平台，让他能够轻松处理文档、进行数据分析，甚至参与团队的远程协作。然而，伴随着这些便利，小陈也逐渐意识到办公终端存在一定的安全问题，他开始关注数据隐私和网络安全，希望采取一系列措施来保护其办公终端免受潜在威胁。

本章，我们将深入了解办公终端的多样面貌，探索它在我们生活中不可或缺的地位，以及在数字时代如何更好地应对安全挑战。

「第一节」
办公终端的概念

小陈的故事从他迈进办公室的那一刻开始。坐在整洁的办公桌前，他看到的不仅仅是一台个人电脑，更是连接他与公司网络的纽带。通过个人电脑，小陈能够轻松地进行文档编辑、数据处理，实现工作的高效推进。同事们也都在各自的电脑前忙碌着，每个人的办公终端都如同个性化的工作坊，充满了创造力。

办公终端主要是指那些用于在办公场所执行工作任务的计算机设备，这些设备在各个不同场景中发挥着重要作用。

办公设备的范围十分广泛。首先是个人电脑。无论是台式电脑还是笔记本电脑，其强大的处理能力和丰富的软件支持，都能够为用户提供广泛的办公功能，如文档编辑、数据处理、图形设计和程序编写等。其次是专门用于办公的硬件设备。如打印机、扫描仪和复印机等，这些设备丰富了办公终端的形态。此外，办公终端还包括了一些专业领域的设备。如绘图板、视频会议设备等，这些设备在特定的工作场景中发挥着独特的作用，提高了专业领域工作者的工作效率。

与此同时，在万物互联的背景下，办公终端融入了更多智能、互联的元素，带来了更为丰富多彩的体验。例如，办公环境中的灯光、温度、安防系统等可以通过办公终端进行集中控制。这种智能化的办公环境为用户提供了更个性化和智能的工作空间。

这些融入办公终端的新元素丰富了我们的办公方式，但也为安全问题带来了新的考验。在这样的背景下，用户需要更加关注数据隐私和网络安全，采取有效的措施保护办公终端的安全。

「第二节」
日常办公中面临的安全风险

一、电子邮件

在现代数字化的工作环境中，电子邮件扮演着连接同事、分享信息、推动工作进展的关键角色。对于小陈来说，通过电子邮件，他能够实时与同事们保持联系，分享工作进展，甚至参与公司的决策讨论。然而，这种便捷高效的沟通方式背后隐藏着潜在的安全隐患。

有一天，小陈在检查电子邮件了解当天的工作安排时，发现了一封陌生发件人的电子邮件，标题是"重要文件，请查收"。小陈通过邮件内容的简要浏览，发现了一些不寻常的地方，例如错误的语法和奇怪的排版。同时，发件人地址看起来也有点可疑。他决定进一步核实这封邮件的真实性。

首先，小陈将鼠标悬停在邮件中的链接上，以查看链接的真实地址。他发现该链接并非指向一个正常的公司网站，而是一个充满风险的地址。通过这个简单的步骤，小陈成功地避免了点击可能导致安全问题的陌生链接。他随后将这封邮件报告给了公司的网络安全团队，以确保其他同事也能避免类似的威胁。

为了保障我们的电子邮件安全，本书给出了一些简单而实用的建议：

不轻易点击陌生链接。陌生的链接可能是网络犯罪分子传播恶意软件的途径之一。在收到邮件时，尤其是来自陌生发件人的邮件，在确认邮件的真实性之前，不要轻易打开链接，以免误入网络威胁的陷阱。

警惕邮件附件。电子邮件中的附件可能包含恶意软件，因此接收邮件附件时务必保持警惕。在打开附件之前，检查文件的扩展名和文件名，确保它们与邮件内容相符。此外，可使用杀毒软件对附件进行扫描，确保其中不包含潜在的威胁。

验证发件人身份。验证邮件的发件人身份是确保邮件安全的重要步骤。确认发件人的邮件地址是否与公司或团队的正式邮件地址一致，防止恶意冒充。如果邮件内容涉及敏感信息或需要进一步确认，可以通过其他途径联系发件人。

定期更新密码。密码的安全性直接关系到电子邮件账户的安全。定期更改密码是一种有效的安全措施。应确保密码的复杂性，采用包括字母、数字和符号的组合，提高密码的安全等级。

谨慎公开个人信息。在电子邮件中，尽量避免过多地公开个人敏感信息。黑客可能通过这些信息进行针对性攻击。保持谨慎，只在必要的情况下分享个人信息，确保信息的安全性。

遵循上述简单而实用的邮件安全实践建议，可以更好地保护我们的工作环境免受网络威胁的侵害。这不仅有助于实现个人信息的安全，同时也为整个工作团队创造了更加安全可靠的数字化沟通环境。

二、虚拟专用网络

近期，小陈有了在家办公的需求，然而一个令他颇为困扰的问题摆在了面前——在公司里，他可以轻松打开公司的内部网站，获取所需的信息；而一旦回到家里，这个网站就无法访问了。

在对这一问题的深入思考中，小陈得知公司提供了一种数字工具，名为虚拟专用网络（VPN）。公司虚拟专用网络可以为员工在公共网络上建立一个安全的通信通道，使得员工可以随时访问公司内部网站。小陈决定一试，便安装了公司提供的虚拟专用网络并尝试连接。神奇的事情发生了——小陈成功地打开了公司内部网站。他震惊于虚拟专用网络的威力，这仿佛是打破了内外网络的隔阂。

通过虚拟专用网络，用户不管在任何地方都能畅通无阻地访问公司内部的资源，就像打开了一扇数字化的通往内部网络的门。

三、远程控制软件

通过虚拟专用网络访问公司的内部网站，意味着小陈能够查看公司网站，但实际的工作文件和数据都存储在公司的电脑上，在家办公的需求似乎并没有得到完全满足。

于是，小陈开始寻找其他解决方案。从朋友那里，他听说了远程控制软件——一种可以在不同地点实现电脑远程操作的神奇工具。这似乎是解决问题的绝佳途径。激动之下，小陈迅速安装并配置了远程控制软件，成功实现了远程操控公司的电脑。

然而，随着时间的推移，小陈逐渐察觉到远程控制软件所带来的潜在风险。他开始思考，如果有不法分子能够侵入这个远程连接，将可能对公司的敏感信息构成威胁。这让他意识到，数字工具的使用也需要谨慎和安全意识。

小陈决心采取一些安全措施，如设置强密码、定期更新远程控制软件、确保软件的安全协议等。这样一来，他在享受远程办公便捷的同时，也在保护公司和个人信息的安全。

在数字化的今天，远程控制软件为工作和生活带来了前所未有的便利，使使用户能够在不同地点轻松操控远程计算机。然而，随之而来的是对安全和隐私的关切。正如小陈深刻认识到的那样，确保远程控制软件的安全性至关重要。通过设置强密码，用户可以在一定程度上提高账户的安全性，有效地防范未经授权的访问。定期更新远程控制软件以保持系统的健壮性，成为防范潜在风险的重要措施。对软件的安全协议进行审查，确保使用加密协议进行数据传输，也能在通信过程中保障信息的安全性。

四、专网安全

专用网络（以下简称"专网"）通常是组织内部的私人网络，被设计为提供一定程度的隔离和安全性，以保护敏感信息免受未经授权的访问。在当今数字化的工作环境中，专网的安全性变得尤为关键。各个行业，包括银行、公安等，都建立了自己的专网。这些专网通常是高度定制的，以满足特定行业的安全和合规性需求。专网在这些行业中起到了重要作用，用于处理敏感数据、个人身份信息以及其他机密信息。

在专网环境中，我们需要考虑很多安全风险，这些安全风险有可能是外部的攻击，也可能是内部员工的误操作或者恶意破坏导致的。为了避免这些安全风险，专网的安全约束至关重要。

专网环境往往和外部互联网隔绝，通过物理的"断网"来保护内部的重要敏感文件，但是这并不表明内部文件的绝对安全。专网的一项重要安全措施就是限制 U 盘与互联网的直接互通。2005 年，人们发现了一种恶意软件，利用 U 盘作为中转，能够匹配寻找专网终端中的一些敏感的文件，然后在 U 盘插入其他连网机器的时候，利用互联网将重要文件传给攻击者，这种攻击方式也被称为"U 盘摆渡"。

为了防止类似 U 盘摆渡的攻击手段泄露重要文件，我们需要采取设备限制、访问控制和员工培训等专网防护手段。通过设置使用严谨的用户和设备访问控制机制，限制对计算机和其他设备的物理访问，尽可能禁用 USB 接口，以防止未经授权的 U 盘插入，同时确保只有经过授权的用户才能访问特定的系统和数据。通过组织安全意识培训，更好地帮助使用者识别和应对潜在的网络威胁。

「第三节」

办公终端安全的防护技巧

一、杀毒软件

小陈在浏览媒体时，不小心点击了一个陌生人通过私信发来的链接。毫不起眼的一次点击，却让他的电脑不知不觉陷入了网络威胁的漩涡。网络上的黑暗势力似乎找到了一个入侵的机会，开始在小陈的电脑里悄悄活动。恶意软件像一只潜伏的猎豹，迅速而无声地渗透进小陈的工作环境，随时准备发动它的攻击。

　　小陈起初并没有意识到自己已经成为网络威胁的目标，他继续着自己的工作，直到出现一些异常的迹象——文件打开速度变得缓慢，奇怪的弹窗频繁跳出，电脑的运行速度明显下降。小陈这才意识到点击那个链接可能是一个巨大的错误。小陈迫切地需要一位能够保卫他的电脑免受网络威胁的"英雄"。杀毒软件登场了，它迅速检测电脑中的异常活动，找到了潜伏其中的恶意软件。小陈看着屏幕上杀毒软件愈发频繁的扫描和清理过程，感到一阵宽慰。

　　小陈的电脑逐渐恢复了正常，杀毒软件成功将潜在的威胁清除。小陈从这次"冒险"中得到了深刻的教训，明白了网络威胁的可怕，也对杀毒软件充满了敬意。同时，重新找回了数字办公的安心与轻松。

　　杀毒软件如同电脑中的一位无形守护者，其强大的力量在于能抵御恶意软件的攻击。以下是杀毒软件的一些核心抵御措施。

　　实时监测和拦截。杀毒软件不仅能够对系统进行定期扫描，更重要的是可以实时监测电脑上运行的所有程序和文件。一旦发现可疑活动，它会迅速采取行动，将潜在的威胁拦截下来。

　　病毒特征库。杀毒软件内置了庞大的病毒特征库，其中包含了各种已知病毒的特征信息。当用户打开、下载或运行文件时，杀毒软件会将文件的特征与库中的数据进行比对，从而及时发现并隔离已知的威胁。

　　行为分析技术。杀毒软件通过分析程序和文件的行为模式，能够检测到新型威胁，即使这些威胁的特征不在病毒库中。这种先进的技术使得杀毒软件更具智能化和自适应性。

　　漏洞修复。杀毒软件不仅仅局限于抵御已知威胁，还能帮助修复系统和应用程序中的漏洞。通过及时安装和更新系统的补丁，杀毒软件能够加固系统，防范潜在的攻击。

隔离和清除。一旦检测到感染，杀毒软件会将受影响的文件或程序进行隔离，以防止病毒进一步传播。同时，它会尽力清除已感染的文件，最大限度地减小病毒对系统的影响。

通过这些抵御力量，杀毒软件在数字时代扮演着不可或缺的角色，为用户提供了强大的安全保障，是数字生活中值得信赖的电脑卫士。

二、浏览器安全与无痕模式

小陈每天都需要在公司的共享设备上使用浏览器进行各种工作。有时，他需要登录自己的账号来查看工作邮件、处理个人任务，但又不想让同事或其他使用该设备的人知道自己账号中的具

体内容。小陈逐渐认识到，共享设备上使用浏览器存在一些潜在的隐私风险。如果不小心留下个人信息，可能会被他人窥探。因此，了解浏览器的安全性变得至关重要。

在寻找保护隐私的方法时，小陈发现了无痕模式。通过启用无痕模式，他可以在浏览网页时，防止浏览器保存搜索历史、缓存和 Cookie 数据。这使得他能够在共享设备上自如地使用浏览器，而不担心个人隐私泄露的问题。

在数字时代，很多人会像小陈一样担心信息泄露问题，并且关

注互联网公司是否会出售他们的数据。

对于那些与他人共享计算机的人来说，无痕模式的重要性不可忽视。在共享设备上使用无痕模式，可以有效避免他人获取我们的搜索历史，保护个人隐私。这一功能使得即便在共享环境中，用户也能更加安心地使用数字工具。

对于那些不与他人共享计算机的人来说，无痕模式与定期删除互联网历史记录的功能相似。

需要注意的是，无痕模式并不能使用户免受一切外部干扰。例如，用户下载了非法内容或访问了违法网站，无痕模式将无法提供全面的保护。因此，合法、安全的网络行为仍然是维护个人隐私的最佳实践。

三、数据备份

不幸的事情发生了——小陈的电脑出现了故障，所有重要的工作文件、生活照片和个人资料都丢失了。小陈之前从未意识到数据备份的重要性，他的电脑里存储着许多不可替代的工作成果和珍贵的回忆记录。当电脑出现问题时，他才深刻地感受到没有备份意味着巨大的损失。这次数据丢失给小陈的工作和生活带来了极大的打击，但同时也让他对数字时代数据安全的重要性有了更加深刻的认识。

数据的丢失可能随时发生，而备份是防范这一风险最简单、最有效的手段之一。通过定期备份，我们能够防范意外故障、计

算机病毒或其他不可预见的情况，保障个人和工作数据的安全性，避免因一时疏忽而引发的不必要的损失。备份不仅是一种良好的数字习惯，也是对自己信息安全负责的表现。

具体来看，首先，我们可以利用云存储服务，将文件上传至云端，确保即使本地设备损坏，数据仍安全可靠。其次，我们可以购买移动硬盘，并定期复制文件，移动硬盘容量大又便携。为避免人为疏忽，可使用自动备份工具，确保文件变动时立即备份。对于关键数据，进行分类备份，保障有限存储空间内备份了最为重要的信息。定期检查备份文件的可用性，以确保在需要时能够迅速恢复数据。如果条件允许，可将备份存储在不同地理位置，提高数据的整体安全性。通过这些简单步骤，我们能够轻松保护重要数据，降低因意外事件导致的信息丢失风险。

小　结

办公终端在工作和学习中扮演着得力助手的角色，通过它我们能够高效地沟通、协作，获取信息，推动工作的进展。数字时代的办公终端已经不再局限于传统的桌面电脑，而是包括了各种设备，如笔记本电脑、平板电脑、智能手机等，丰富的办公终端使我们的工作更加灵活多样。

然而，随着数字化的加速推进，办公终端也面临着安全威胁。

从小陈收到的可疑电子邮件中，我们看到了网络攻击无处不在的潜在风险。安全意识的培养和实践对于保护办公终端和数字信息至关重要。通过使用杀毒软件、无痕模式、数据备份等简单而实用的安全技巧，能够避免潜在的网络攻击，保护个人的数据和隐私的安全。

展望未来，随着技术的不断发展，办公终端将继续演进。更加智能化的办公终端将为我们带来更多便利，但同时也需要我们进一步加强对网络安全的关注。相信通过持续的安全培训、技术更新和创新，我们能够更好地享受数字时代的便利，共同分享科技带来的精彩。

第 十 章
网络安全的新挑战与新趋势

新一轮科技革命与产业变革加速演进，从智能家居的灵活便利到人工智能的迅速崛起，数字化已经深刻地嵌入到我们的日常生活中。我们在了解这些数字化新趋势的同时，也要警惕随之而来的新挑战和新威胁。本章，我们将聚焦智能家居、物联网、人工智能等贴近我们生活的内容，探索如何打造安全的网络环境。

「第一节」
智能家居与物联网的安全挑战

当前，智能家居已经成为家庭生活中的一部分。当你回到家，对着智能助手说："打开客厅的灯光，放一首轻柔的音乐。"窗帘自动闭合，灯光渐变，仿佛进入了一个自动化的梦境。然而，这个温馨的画面背后却可能隐藏着潜在的威胁。

本节将从智能家居组网①开始，慢慢拨开智能家居背后的安全迷雾，同时提供实用的防范措施，让你放心享受未来智能生活的便利。

一、智能家居组网

小沈发现自己越来越依赖智能家居的便捷，于是决定进一步提升家居体验。他购置了一套智能家居设备，包括智能灯具、智能音响和智能摄像头。这些设备能够通过物联网连接，形成一个智能家居生态系统。在智能家居组网过程中，小沈按照说明书进行了简单的操作，将设备连接到了家庭网络。

在上述故事中，物联网连接的家居设备形成了一个虚拟的网络，通过互相通信实现了智能化控制。然而，这也为黑客提供了潜在的入口。网络的连接性意味着一旦有一个弱点被攻破，整个系统都有可能暴露在威胁之下。就像家里的一扇小窗户，如果没有妥善关闭，可能会成为不速之客的入口。这种联动性使得智能家居的安全性变得更加复杂。

二、智能助手和数据收集

在家中构建了智能家居系统之后，为了更加方便地使用这些智能设备，小沈通过智能助手实现了对家居设备的便捷控制。然而，

---

① 智能家居组网是指通过物联网连接各种智能设备，使其形成一个智能生态系统，实现互相通信和智能化控制。这个过程通常包括将智能设备连接到家庭网络，并通过各种通信协议实现设备之间的联动。

一次智能家居系统的数据泄露彻底颠覆了他平静的生活。

一天，小沈发现智能家居系统的控制权限异常，他不仅无法正常操作家中设备，甚至还收到了未知来源的语音消息。起初，他以为这只是系统出现了小故障，没有给予足够重视。渐渐地，威胁逐渐升级。小沈的智能助手开始执行一些他从未下达的指令，并在不同场合产生了错误的语音回应。此外，他还接到了一通冒充家人声音的电话。

没过多久，小沈收到了一封电子邮件，邮件中详细列举了他的个人信息，并威胁会将这些信息公之于众，除非小沈愿意支付一定数额比特币作为赎金。这次攻击不仅对小沈的财产安全产生了威胁，更使得他的个人隐私面临泄露的风险。

三、深层威胁浮现

小沈发现智能家居系统被黑客入侵，导致大量个人信息泄露，黑客利用这些信息进行精确诈骗和语音模仿，不仅对其进行勒索，还掌握了家庭成员的活动规律，威胁家庭安全。这揭示了智能设备数据泄露带来的深层威胁：黑客不仅能通过掌握的隐私信息进行经济勒索，还能利用受害者的个人和家庭信息进行更多的犯罪活动，如身份盗用、入室盗窃等，给受害者带来巨大的财务损失和心理压力，同时使家庭成员面临人身安全风险。

四、防范措施

在开始介绍防范措施前，不妨试着思考，如果一名黑客想要攻击你的家庭网络，他都能做些什么？我们从一个简单的例子——猜解 Wi-Fi 密码开始。

（一）使用强 Wi-Fi 密码

在智能家居的生态系统中，Wi-Fi 密码扮演着关键的角色，它是连接设备与网络之间的纽带。理解为什么要加强 Wi-Fi 密码，就得从黑客的攻击手法开始分析。

黑客常常通过破解 Wi-Fi 密码来入侵家庭网络。Wi-Fi 密码的破解实则是为黑客提供了进入你的数字生活的通行证。一旦他们成功获取 Wi-Fi 访问权限，就可以毫不费力地操控连接到该网络的智能家居设备。这种入侵不仅仅威胁到你的个人隐私，更可能导致设备被远程控制，从而对家庭的安全性构成直接威胁。

想象一下，你的 Wi-Fi 密码过于简单，如 12345678。这样的密码很容易成为黑客的攻击目标，因为他们可以使用字典攻击或暴力破解等方式，快速获取访问权限。一旦黑客接管了你的 Wi-Fi，他们就可以轻松操控智能摄像头、智能门锁等设备，从而在你不知情的情况下窥探你的家庭生活。

设置强大的 Wi-Fi 密码实际上就增加了黑客入侵的难度。复杂的密码不容易被猜解，能有效地防止这些入侵者通过简单手段获取访问权限。因此，Wi-Fi 密码的安全性直接关系到智能家居设备是否能够免受黑客的攻击，是家庭网络安全的第一道防线。

（二）使用强管理员密码

如果上一环"失守"，黑客此时就能访问我们许多设备的管理员页面了。

通常，我们将设备安装完成后，会使用默认的管理员账户和密码，就像使用192.168.1.1进入设备管理页面一样。这也为潜在的风险打开了大门——黑客通常会瞄准这些默认凭据，试图通过猜测密码或利用设备的已知漏洞，实施远程入侵。

假设你的管理员密码过于简单，比如常见的"admin"或者"1234"等。黑客在得知这些情况后，就可以轻松地越过你的网络防线，进入并操控家中的智能设备。这不仅直接影响到你的个人隐私，还可能导致设备被滥用，成为攻击者进行其他恶意行为的跳板。

加强管理员密码，就是建立了一道坚实的防线，抵御了常见的远程攻击。选择独特、复杂的密码，并定期更换，是维护智能家居网络安全的必要步骤。这样一来，即使黑客试图通过各种手段入侵，也会因为密码的复杂性而束手无策。

具体操作流程如下：

1. 打开浏览器，输入设备的 IP 地址（如 192.168.1.1）并按下 Enter 键。

2. 在管理员登录页面，输入默认用户名和密码（通常为 admin/admin 或 admin/password）。

3. 找到管理员账户设置，修改默认的用户名和密码。

4. 使用独立、强密码，确保与其他设备的密码不同。

5. 定期更改管理员密码，增加安全性。

（三）及时进行设备固件更新

规避了上述常见问题后，你的手机也许会收到一则通知，提醒你有智能设备需要更新固件。或许是智能灯泡、智能摄像头，抑或是智能门锁。这个简单的操作——设备更新，实则是智能家居的安全基石。

制造商的设备更新，是在不断强化设备的网络防线，保障你的家庭隐私。这就好像是检查门锁是否牢固，以防不速之客。

未更新的设备可能存在已经曝光的漏洞，被曝光的漏洞意味着哪怕你做了再充分的防护，如你想了很长一串的密码，但是黑客依然可以绕过密码，通过这个曝光的漏洞入侵你的设备，获取你的信息或滥用设备功能。通过保持设备更新，你不仅可以获得最新的功能和性能优化，还能提高设备的安全性。

因此，不要忽视智能设备更新的提示，设备的及时更新会为你的数字生活提供可靠的守护。

具体操作流程如下：

1.打开智能家居应用程序，导航至设备设置或系统设置。

2.查找"固件更新"或"软件更新"选项。

3.如果有新版本可用，选择更新，并按照提示完成操作。

4.在更新过程中，确保设备保持通电和连接到稳定的网络。

5.定期检查设备制造商的官方网站，以获取最新的固件或软件更新。

总之，组网的便利性让家庭变得更加智能，但也可能为黑客提供入侵的机会。智能助手的数据收集引发了用户对隐私的担忧。通过上述简单的措施，我们可以更好地保护智能家居系统，确保其为我们的生活带来便利的同时，也能提供足够的安全性。在智能家居时代，我们每个人都可以为守护网络安全贡献一份力量。

人工智能技术的安全风险与防范

人工智能（AI）技术和应用在学界与工业界的共同努力下正逐步趋于完善与成熟，其迅猛发展为社会带来了巨大的变革和便利，然而与之相伴的是新的安全风险与挑战。

一、越来越逼真的音视频伪造

在当今数字化社会，音视频伪造技术的崭露头角引起了广泛的关注。这一技术的恶意使用已经成为网络安全的一大风险，不仅对个人隐私和声誉构成威胁，还会对政治、商业和社会产生重大影响。

音频伪造。音频伪造技术通常依赖于语音合成模型，比如WaveNet 或 Tacotron，它们能够捕捉并复制特定个体的语调、节奏和音色。通过训练模型学习某个人的大量语音样本，算法能够生成听起来几乎与本人无异的新语音段落。即便是没有事先录制的话语，也能通过这种方式"创造"出来，增加了欺诈的隐蔽性和危害性。

视频伪造。视频伪造则更为复杂，涉及面部重建、表情迁移以及动作合成等技术。例如，使用面部识别和三维重建技术提取目标人物的面部特征，然后通过深度学习模型将其映射到源视频中的动作上，实现"换脸"效果。此外，结合身体动作捕捉技术和物理模拟，可以使伪造视频中的动作流畅自然，进一步提升整体的真实感。

这些虚假内容通常表现得非常逼真，很难与真实内容区分开来。这种技术的广泛应用领域包括：

虚假演讲和视频通话。攻击者可以使用音视频伪造技术制作虚假演讲和视频通话，使其看起来像真实的演讲者和对话者。这种技术的恶意使用可能带来虚假信息的传播、企业合同的欺诈等。

声音指示伪造。恶意分子可以伪造高级主管或政府官员的声音，以发送虚假指示或指令，骗取个人或组织的资金或信息。这种攻击可能导致金融损失、破坏声誉，甚至危及国家安全。

社交工程攻击。攻击者可能伪造亲友的声音发出资金请求，或者制作虚假的视频来欺骗受害者。

案例 10-1

小明是某企业高管，一天接到了一通陌生电话，对方声称是公司的首席执行官（CEO），要求他紧急转账数百万元至一个指定账户。为了证明身份，对方提供了一段声音和视频，其中包含了公司内部的敏感信息。

小明在电话中听到了"首席执行官"的声音，且视频显示对方正在公司办公，于是便相信这是一次紧急的内部

资金调动。在完成转账后，他才发现自己陷入了一场音视频伪造骗局。

公司在调查中发现，黑客通过深入研究公司公开信息和员工社交媒体账户，成功获取了足够的背景信息。随后，他们使用高级的音视频伪造技术，将声音和视频合成，制造出逼真的"首席执行官"的形象。

此案例凸显了音视频伪造可能导致的身份混淆和经济损失，提醒企业和个人在处理敏感信息时要格外谨慎，同时加强对高级伪造技术的防范。

案例 10-2

小王是一名年轻的社交媒体达人，因分享生活日常而广受欢迎。有一天，他的社交媒体突然出现一段自己从未发布过的视频，内容是他参与了一场犀利的言论争论，并且视频中的表现与他一贯温和的形象极不符。

小王的粉丝纷纷留言询问这段视频的真实性。小王本人也感到困扰，因为他从未参与过这场争论，也没有发布这段视频。随后，他发现有人通过技术手段伪造了他的视频，并在社交媒体上传播。

经调查发现，有黑客通过深入了解他的社交媒体行为、言论倾向和人际关系，成功模仿他制作了一段虚假视频。因为虚假视频引发了广泛关注，小王不得不花费大量时间澄清事实，并与社交媒体平台合作删除虚假内容。这一事件让他对个人隐私和社交媒体安全有了更为深刻的认识。

二、虚假信息的制造和传播

当前，虚假信息通过社交媒体和在线平台迅速传播，已经成为社会不稳定和个体权益受损的重要源头。尽管人工智能在虚假信息对抗中发挥着积极作用，但与此同时也存在不法分子滥用这一技术来实施欺诈、操纵舆论和制造混乱——人工智能生成模型的崛起为不法分子提供了一种危险而精密的工具，用以制造深具欺骗性的虚假言论。这一技术的本质在于模仿人类写作风格，使得虚假信息在外表上更加"真实"，从而更容易欺骗受众。

网络水军。传统的网络水军指的是受雇用或通过自动化程序控制的一批社交媒体账号，它们被用来发布特定信息、引导舆论或制造话题热度。这种操作通常包括批量创建虚假账号、使用自动化工具发布内容和参与互动，目的是营造某种观点或情绪的广泛认同感，或对特定个人、组织进行舆论攻击。但是受限于平台监管以及人工产出内容的成本较高、效率低下，传播的内容往往质量不高，诱导性不强。随着人工智能技术的不断成熟，特别是自然语言处理（NLP）、机器学习和深度学习的突破，人工智能在网络水军的应用中展现出以下特点和发展趋势：

自动化生成内容（Content Automation）。人工智能能够自动生成文本、图像和音视频内容，这些内容不仅量大，而且在某些情况下可以达到以假乱真的程度。这意味着，网络水军可以利用人工智能快速生成大量的评论、帖子甚至是视频，以支持特定观点或产品评价，影响公众舆论。

个性化定制信息（Personalized Messaging）。人工智能能够根据目标受众的兴趣、行为模式和情感倾向，定制化生成信息内容，使得信息传播更加精准有效，增强了对特定群体的影响力。

智能互动（Smart Interaction）。由人工智能技术控制和操作的虚拟账号可以模拟人类的交流方式，参与到在线讨论中，回复评论、参与辩论，甚至在社交媒体上建立虚假的人际关系网，进一步模糊了真实用户与虚假账号的界限。

数据分析与策略优化（Data Analysis & Strategy）。人工智能能够实时分析网络数据，识别舆论趋势和敏感点，自动调整信息传播策略，使得水军活动更加动态和高效。

社交媒体是虚假信息传播的主要渠道之一，恶意信息能够在这些平台上迅速传播，扰乱公众的舆论。这包括虚假新闻、事实被曲解的报道、虚假的统计数据和流言。虚假信息也可能被用于操纵选民、制造社会分歧、干扰社会秩序，甚至进行商业竞争和欺诈。

在金融市场，人工智能的滥用同样会导致恶劣的影响。高频交易是一种利用高速计算机算法自动执行交易的策略，能够在几分之一秒内完成买卖订单。部分投资者利用人工智能和机器学习技术分析市场数据，预测短期价格变动，通过快速频繁的交易以及庞大的资金体量来影响市场价格，创造人为的供需假象，诱导其他投资者作出有利于操纵者的投资决策。

人工智能技术的不断进步，使虚假信息的制造和传播变得简便和高效，给个人、企业和国家带来了前所未有的威胁。人工智能技术的不当使用正迫使社会各界寻求更加先进的检测手段和法律监管措施，以维护信息的真实性和网络空间的安全。

案例 10-3

小张是某社交平台上的热门博主，这个平台以提供关于未来趋势和社会议题的讨论而闻名。小张因为在平台上分享了一篇关于气候变化影响的文章，引发了一波极端的言论和攻击，有人在评论中质疑气候变化的真实性，甚至对小张进行了人身攻击。

小张很快发现这些攻击的源头并非普通用户，而是一系列新注册的账号。这些账号不仅言辞激烈，而且几乎没有其他社交互动记录，他怀疑这背后可能有更深层次的操控。他发现每当有社会热点话题出现时，总会有一群类似的账号和极端的言论，这些账号来源不明，但都在极力地煽动事件的发酵。

案例 10-4

　　小李是一位经验丰富的投资者，一直以来都以精明的交易决策而著称；但他并不知道，他的交易将成为一场被人工智能高频次操控的危险游戏。

　　一群欺诈者利用人工智能系统分析市场数据，能快速识别出微小的价格变动，然后以超快的速度执行买卖交易，制造了虚假的市场需求。这种高频次操控导致了某公司股价的异常波动，吸引了无数投资者的注意，其中就包括小李。不法分子通过高频次操控逐渐将股价推向人为设定的高点，而当投资者跟风参与时，他们则迅速拉低股价，悄然退出市场。

　　小李深陷在这场由人工智能高频次交易操控的泥潭中，他的投资遭受了巨大的损失。

三、防范措施

　　正视潜在风险。认清风险就存在于智能科技的日常应用中，安全挑战可能隐藏得很深，比如智能手机里的语音助手被误操作泄露隐私，或是网上的个性化推荐让我们无意间触碰信息泡沫。我们要像了解新朋友一样，去熟悉这些智能工具可能带来的小"陷阱"。想象一下，如果一个 APP 能猜中你的喜好，那么它也就有可能成为不法分子的目标。因此，保持好奇心，同时也保持一份警觉，是智能时代自我保护的第一步。

　　选用"靠谱"的智能伙伴。就像我们会选择信誉好的商店购物一样，挑选智能设备和服务也要看"品牌"。使用那些知名度高、用户评价好，并且有明确隐私政策的智能产品。面对某个新推出的智能应用时，先问问自己：它是否有可信赖的来源？是否有足够的安全保障？不要轻易让未经验证的新玩意儿进入你的数字生活。

做个消息的"侦探"。在网络世界里，信息真假难辨，特别是当人工智能技术被用来伪造视频、音频时，更需我们炼就一双"火眼金睛"。当收到紧急消息要求转账、提供个人信息时，别急着行动，先停下来多方查证。可以打电话给对方确认，或者询问身边的朋友是否也收到了同样的信息。如果心里还是没底，也可以找警察帮忙核实。

守护好你的"数字指纹"。每个人在网上的每一次点击、每一句话，都像是在数字世界留下的"指纹"。保护好这些信息，与保护你的家门钥匙一样重要。不在不安全的网站或应用上随意填写真实姓名、电话、住址等，就如同不在大街上大声宣告你的银行密码。使用复杂的密码，定期更换，并且启用多重验证，这些都是加固你数字家园的砖瓦。

「第三节」
未来如何应对

一、技术与风险，矛与盾

在网络安全领域，技术与风险是共同发展的两个不可分割的方面，它们相互影响、相互推动，共同构建着一个动态而复杂的生态系统。

技术的不断发展是维护网络安全的关键之一。随着技术的进步，我们见证了密码学、人工智能、区块链等技术的崭新应用，这些技术为保障网络安全提供了更加高效、智能的手段。例如，通过区块链技术，我们可以建立去中心化的身份验证系统，从而降低身份盗窃的风险。同时，人工智能的运用也使得威胁检测和攻击响应更加及时和精准。

然而，威胁和风险也在不断演变。攻击者利用新技术、新漏洞，形成了更为复杂和隐蔽的攻击手段。网络攻击的目的和形式不断变化，从传统的病毒和恶意软件发展到更具针对性的网络钓鱼、勒索软件和零日漏洞。这就需要网络安全领域不断创新，迅速适应新的威胁，以保持对抗的先机。

网络安全的未来在于技术与风险的协同演进。技术创新不仅要紧密关注安全防御，更要注重风险管理的实践。维护一个安全的网络环境需要综合考虑技术的可行性、实施的成本以及潜在的风险。在这个不断演变的过程中，技术的进步和风险的变化相互影响，共同推动着网络安全的前进。

二、适应和引导技术的发展

从时代更迭的角度审视历史上的关键技术突破，我们可以看到科技的飞速发展如何推动社会的演变，从第一次工业革命到如今的量子计算、大数据、网络速度和存储能力，每一个阶段的关键技术突破都是社会变革的引擎。

18 世纪末至 19 世纪初的第一次工业革命，蒸汽机、纺织机械和煤矿开采技术的出现和应用，标志着从手工业向工业化的转变。

这些技术突破带来了生产力的极大提升，推动了城市化和工业化进程，深刻改变了人类的生活方式。

20 世纪初至中期的第二次工业革命，以电力、内燃机、化学工业的发展为特征。这一时期的技术突破进一步加速了生产力的提升，推动了交通、通信等领域的飞速发展，引领了现代社会的基础设施建设。

20 世纪中期至 21 世纪初的第三次工业革命，以信息技术、自动化和新能源的创新为特征。信息技术的进步使全球通信和数据处理变得更加高效和便捷，推动了全球化进程和知识经济的发展。自动化生产线和机器人的应用大幅提升了生产效率和精确度，改变了制造业和服务业的运作方式。新能源的使用则为可持续发展提供了新的动力来源。这些技术变革不仅提高了生产力，还对社会结构、经济模式和人类生活方式产生了深远影响。

如今，我们正处于数字技术的加速演进时期。量子计算、大数据、高速网络和巨大的存储能力等技术成果正在改变着社会的方方面面。

量子计算。随着量子计算技术的发展，传统加密算法的安全性受到威胁。传统加密算法基于数学难题，而量子计算的特性使得它在破解这些问题上更为高效。未来网络需要采用能够抵抗量子计算攻击的加密方法（如基于量子密钥分发的量子安全通信），以保障信息的机密性。

数据规模。随着大数据时代的到来，网络中产生的数据规模呈指数级增长。处理如此庞大的数据集需要更先进的分析和挖掘方法，同时也增加了数据泄露和隐私侵犯的风险。未来网络安全需要强化对大规模数据的监管和保护，包括加强隐私保护法规和采用差分隐私等技术手段。

网络速度。随着 5G/6G 乃至未来更高速的通信技术的普及，网络速度的提升为各类网络攻击提供了更广泛的渠道。高速网络使得大规模分布式拒绝服务（DDoS）攻击变得更为容易，对抗这类攻击需要更强大的网络安全防护系统和实时响应机制。

存储能力。大规模存储和云计算的兴起使得大量敏感信息集中存储在云端，成为攻击目标。未来的网络安全需要关注云端存储的安全性，包括强化身份验证、数据加密和访问控制等手段，以保护用户和企业的重要信息不被泄露和滥用。

我们无法预知下一次技术革命的突破节点是什么，但我们要清楚当下的社会生活方式正在发生着深刻的变革，要不断适应和引导技术的发展，以确保它们为社会带来积极的影响，推动社会的可持续发展。同时，我们也必须正视技术发展可能带来的伦理、隐私和安全等问题，确保技术的发展符合人类社会的核心价值。

三、安全防范，以人为本

密码和身份管理。尽管技术提供了复杂的密码系统和身份验证机制，但许多人往往容易使用弱密码、共享密码或在不安全的环境中进行身份验证。人们的密码管理行为，包括对密码的选择和保管方式，可能成为攻击者获取入口的主要途径。

社交工程和网络欺诈。社交工程与网络诈骗紧密相连，是一种高级的欺诈手段。攻击者利用人们在社会交往中的某些习惯，包括人际关系的建立、社交媒体的互动以及沟通交流的自然过程，旨在悄无声息地获取敏感信息或促使受害者作出不利举动。这类攻击之所以成效显著且充满险恶，很大程度上是由于人们在社会关系中固有的信任感和对社交互动的天然需求。

技术使用的误导和滥用。人类创造的技术，当被用于恶意目的时，可能导致巨大的风险。例如，社交媒体的滥用、信息泄露、人工智能的恶意利用等都是人性因素引发的技术风险。

虽然技术可以提供强大的安全解决方案，但要真正构建安全的网络环境，需要重点关注人的角色。培养网络主体的安全意识，加强对社交工程攻击的防范，促进密码安全与身份管理的优化升级，都是以人为本的重要措施。

策划编辑：李甜甜
装帧设计：胡欣欣

图书在版编目（CIP）数据

应知应会的网络安全知识／安全防范技术与风险评估公安部重点实验室组织编写；刘为军，高见主编. -- 北京：人民出版社，2024. 8. -- ISBN 978 - 7 - 01 - 026720 - 3

Ⅰ．TP393. 08

中国国家版本馆 CIP 数据核字第 2024NN0207 号

应知应会的网络安全知识
YINGZHI YINGHUI DE WANGLUO ANQUAN ZHISHI

安全防范技术与风险评估公安部重点实验室　组织编写
刘为军　高见　主编

人民出版社 出版发行
（100706　北京市东城区隆福寺街 99 号）

北京汇林印务有限公司印刷　新华书店经销

2024 年 8 月第 1 版　2024 年 8 月北京第 1 次印刷
开本：710 毫米 × 1000 毫米 1/16　印张：12.75
字数：152 千字

ISBN 978 - 7 - 01 - 026720 - 3　定价：52.00 元

邮购地址 100706　北京市东城区隆福寺街 99 号
人民东方图书销售中心　电话（010）65250042　65289539